ANTIQUE PAINT MADE HOME RECIPE

\ 職人手技 /

疊刷 × 斑駁 × 褪色　仿舊塗裝改造術

NOTE WORKS ◎著

對我而言，運用塗料將店面角落隨意刷出古樸自然的風格，就像畫畫般有趣。例如，將桌腳塗上米白色塗料，再稍微製造出裂紋及看似刮痕的仿舊痕跡，讓原本再平凡不過的木桌子，帶出些許法式的居家風格。

店裡常剩下的玉米空罐或茶葉鐵罐，抹上批土後，再耐心地刷上不同顏色的塗料，就會變成有斑駁感的花盆，是既環保又可製作出屬於個人特色的園藝作品。

記得有一回，一對經營甜點店的客人，男朋友很用心地想將牆壁刷上女朋友喜歡的復古風格，顏色是抓到了，然而卻沒能呈現出自然的陳舊感。於是，他們一起來到我的店裡，訴說他們遇到的困難。我了解之後才發現，原來看似簡單的顏料塗刷，還是需要一步一步地分解順序和示範，較能清楚抓到塗裝要領。

當我翻閱這本《疊刷 × 斑駁 × 褪色　仿舊塗裝改造術》時，發現它是一本很棒的工具書，就像一本有圖解步驟的食譜，作者將復古風格家具及小物進行改造，並附上清楚明瞭的圖片及詳細的說明，讓新手也能放心大膽地跟著書中每一種仿舊塗裝工法開始練習起。

以我的經驗，就連較難掌握的裂紋漆塗法、仿舊處理和筆刷的握法，書上都能清楚的提點，可見本書作者的用心。如果，您也想讓自己家中的一角、店面或工作室增添古樸的自然風，這本書絕對是很好的開始哦！

11F-2 的小花園 Claire

Prologue

愛上老家具經年累月的使用痕跡，
斑駁的塗裝與溫暖的手感散發出迷人的韻味。
每當我流連於骨董店時，
就忍不住想以DIY重現這樣令人心動的偶遇。

本書介紹的是藉由塗裝加工，
賦予老舊的家具或外型普通的家飾雜貨
新的生命力與無可取代的手作美感。
盡情發揮你與眾不同的創作巧思吧！

從沒接觸過油漆塗料？對DIY工具也非常陌生？
別擔心！
本書所介紹的都是初學者也能輕鬆上手的作品。
只需準備刷子與塗料這兩種基本必要工具，
便能懷抱愉快心情、挑戰精神，以雙手感受塗裝樂趣。

DIY塗裝充滿懷舊氛圍的家飾物件，
一起為生活增添幾筆令人愉悅的色彩吧！

Contents

CHAPTER **1**

作品解說、油漆技巧……仿舊質感塗裝相關的基礎技巧介紹。

CHAPTER **2**

透過精美的對照頁圖片，介紹日常用品與小物的局部油漆等實作範例。

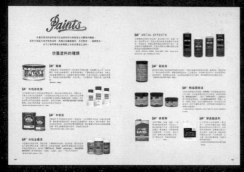

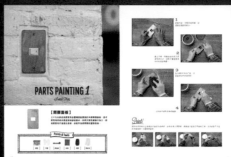

CHAPTER **3**

· 實作範例圖片與製作流程分別編排於不同頁面。
· 於應用篇深入淺出地介紹簡單家具的DIY組裝技巧。

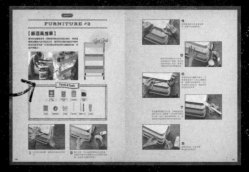

ATTENTION

本書介紹的是NOTEWORKS加入靈感巧思後，所創作的塗裝方法與技巧實例。材料皆使用環保安全塗料，購買前，請參考使用說明書，並確實遵守作業的注意事項。

NOW, ARE YOU READY？

ONE PINT (16 fl.oz).473 LITERS

CHAPTER

1

仿舊塗裝入門

Antique Paint Recipe

Paints

本書所使用的塗料皆可於油漆材料行與居家生活百貨賣場購買。
塗料大致區分為水性與油性，再細分為牆面專用、木材專用……種類繁多。
以下介紹初學者也能輕鬆上手的仿舊加工塗料。

仿舊塗料的種類

☞ 蜜蠟

含蜜蠟成份（蜂巢的構成材）的木製家具著色用蠟。氣溫20℃以上時，呈半固體狀。特徵為具保護作用，並有絕佳速乾性，打磨後能呈現自然光澤。木料上塗裝蜜蠟可突顯木紋，能呈現木頭的歲月痕跡，為木作仿舊加工必備的塗裝素材。有微微呈現焦黑色澤的「深松木色」、似深褐色的「黑檫木色」等多色選擇。

（BRIWAX／400ml）

☞ 水性染色劑

油漆後顏色可滲入木質部的液體著色劑。重複塗裝可使顏色加深、突顯木紋，又能加工出喜愛顏色。染色劑可大致分成油性與水性，使用油性染色劑時，需添加專用稀釋液；水性染色劑則可直接加水稀釋後使用。乾燥後，需塗蠟或亮光漆等修飾劑進行最後潤色。推薦右圖的「WATER BASED WOOD DYE」搭配同廠牌蜜蠟，可呈現出多樣化美麗色澤。

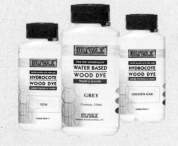

（BRIWAX WATER BASED WOOD DYE／250ml）

☞ 牛奶漆

仿舊加工不可或缺的水性塗料。味道清淡，以水稀釋即可使用，相當方便且實用。擁有獨特柔美的色調，乾燥後呈現霧面質感。附著力、耐水性俱佳，疊塗後可提昇耐用度。可以砂紙打磨或磨掉塗膜，輕鬆營造出帶有歲月痕跡的懷舊氛圍。可混合複數顏色的牛奶漆，自由調色後使用。

（SIMULATED MILK PAINT／473ml・946ml）

☞ 水性金屬漆

可塗刷出金屬光澤感、高級質感、立體感的水性塗料。色澤典雅，適合為仿舊加工的木料增添光澤。使用方便，乾燥後不變色。建議用於處理金屬材料或邊框裝飾等重點部位。圖中的「METALLIC PAINT collection」（MODERN MATERS）塗料有金色、古銅色、紅銅色、銀色……等多色可供選用。

（METALLIC PAINT collection／177ml）

☞ METAL EFFECTS

金屬鏽蝕效果的特殊塗料。廣泛用於木材、金屬、石材、紙張等素材。以防止氧化的底漆保護材料表面後，塗刷底漆，再噴上專用鏽蝕反應劑進行加工。本書用於表現鐵鏽效果。若要將凳腳或金屬材質的小物等營造出仿舊韻味時即可使用。

（METAL EFFECTS／PRIMER 473ml·IRON PAINT 473ml·RUST ACTIVATOR 118ml·PERMACOAT 473ml）

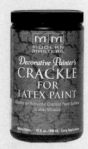

☞ 裂紋漆

使塗裝表面產生龜裂痕跡的特殊水性塗料。可呈現老舊家具受年久日曬、溫度變化，氣候乾燥等，所產生的龜裂狀態，營造出獨特的韻味。上完底漆後，先塗刷一層裂紋漆，再塗刷不同於底色的塗料，呈現龜裂狀態後，從裂縫就能看到底漆的顏色，可欣賞精彩的色彩對比之美。

（CRACKLE FOR LATEX PAINT／946ml）

☞ 陶瓷裂紋漆

塗裝表面營造出陶瓷器（CHINA）般細緻龜裂狀態的水性塗料。木料或瓷磚表面上完塗料後，依序塗刷底漆（BASECOAT）、面漆（TOPCOAT），乾燥後就會形成透明的裂痕。塗裝ENHANCER（著色）油漆，再經打磨後，裂痕就會顯露底色，使仿舊效果更加鮮明。除了木製家具之外，亦可運用於燈具或花盆等用途相當廣泛。

（CHINA CRACKLE／BASECOAT 473ml·TOPCOAT 473ml·ENHANCER 黑118ml）

☞ 密著劑

塗裝不鏽鋼、玻璃、塑膠……密著性較低的素材時，可先塗上一層密著劑進行打底，以提升表面密著力。用途廣泛，可節省砂紙打磨的時間。不含毒性，請安心使用。使用前請記得戴上手套。除了原液之外，另有噴劑類型。

（ミッチャクロン／420ml）

☞ 聚氨酯塗料

木材專用水性保護劑（即亮光漆）。常用於保護木地板。聚氨酯塗料可分成水性與油性。水性幾乎沒有味道，使用後工具以水清洗即可，相當方便，與底漆的密著性也很好。共有無光澤、半光澤、有光澤三種類型，本書中使用無光澤款。

（ATLANTIS WATERBASED POLYURETHANE／3,875L）

Brushes

DIY塗裝不可或缺的刷具，因用途不同區分成許多種類，
初學者建議先準備以下介紹的三款萬能刷。
挑選好握、好刷的刷具，讓油漆過程進行得更順利吧！

準備這三種萬能刷具！

👉 作業用刷具

刷毛稍厚，塗刷黏性較強的塗料時使用。選擇化學纖維材質的刷毛較不會糾結，可塗刷出均勻細緻的效果。選用刷毛箍（固定刷毛的部分）寬度約30mm的刷具較方便使用。刷毛箍若為金屬材質，較容易生鏽，建議選用塑膠刷毛箍的刷具。

👉 紋理用刷具

刷毛尾端平整的「平刷」類之一，適合處理紋理等細部塗刷。毛束稀薄，較不會帶起下層塗膜，適合加工塗裝時使用。相較於天然毛質的刷具，尼龍材質等化學纖維刷毛的刷具較不易掉毛，且適合塗刷速乾性塗料。刷毛箍寬度約30mm（10號）較方便使用。

👉 細部作業用刷具／筆

準備寬約15mm至20mm的細部作業用化學纖維材質刷具，即可順利進行小範圍塗刷。處理角落或邊緣等細部部位時，也較為便利。若手邊有水彩筆亦可取代專業工具，鉅細靡遺地塗刷細小的金屬零件，甚至油漆刷無法確實塗刷的細小空隙等皆可細緻上色。

👉 刷具使用前的處理方法

全新的刷具若直接使用，易出現刷毛掉落而弄髒塗裝面等狀況。使用前請以手指搓捻刷毛，先清除落毛。

以指尖搓捻刷毛尾端，確實鬆開刷毛。

雙手夾住刷柄，往前後搓動刷柄，使落毛浮上表面。

落毛浮上表面後，以指尖搓捻清除。

👉 刷具的拿法

刷具握法如同拿鉛筆。若手腕太用力緊抓刷柄，就無法塗刷出均勻細緻的效果。

Good!

像拿鉛筆般輕握刷柄，手肘與手腕避免太過用力。

Bad!

✗ 拿刷具時若豎起小指，力道會被分散，無法順利地油漆。

✗ 如果像握腳踏車龍頭把手，容易因長時間用力而疲累。

✗ 如果像握冰鑿，則難以靈活地運用刷具。

✗ 只握住刷柄尾端，則因施力點錯誤而無法使力，動作也不穩定。

Tools

展開DIY塗裝作業前，除了準備塗料與刷具之外，須再準備以下介紹的這幾款工具。
本書中使用的都是容易買到的工具。
只塗刷改造既製品小物或家具時，準備以下介紹的工具即可。

必備的實用工具

👉 遮蔽膠帶

附著力較低的紙膠帶。貼在上漆與不上漆
部位的交界處，以避免弄髒素材。曲線部
位使用窄幅（5mm至6mm），保護電線
時使用寬幅（12mm）。多準備幾種寬度
的遮蔽膠帶，使用時較方便。

👉 砂紙

塗裝前打底、於塗裝面營造出刮痕、
將表面處理得更平滑等用途廣泛。依
砂紙表面粗細度編號，號碼越大，質
地越細。本書中使用320號砂紙。

👉 鋼絲絨

觸感柔軟細緻的金屬刷。塗蠟時使
用。相較於廚房用鋼絲刷，使用更
細緻（極細至超極細）等級的鋼絲
絨，可將表面處理得更精美。

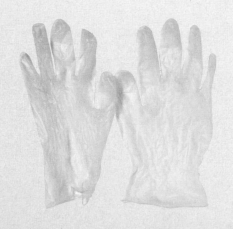

👉 手套

使用具危險性的塗料，或不希望弄
髒雙手時使用。建議使用質地輕
薄，指尖感覺較靈敏的拋棄式塑膠
手套。

👉 容器

分裝塗料、混合不同顏色的塗料時
使用，以塑膠杯最便利。處理水性
塗料時，亦可使用繪圖用水桶。

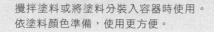

☞ 湯匙／免洗筷

攪拌塗料或將塗料分裝入容器時使用。
依塗料顏色準備，使用更方便。

☞ 蠟

重現刮痕韻味，塗抹在底漆與
面漆之間，更容易營造出上層
塗膜剝落狀態。準備棒狀蠟，
使用更方便。

☞ ROLL MASKER

布膠帶的一邊加上聚乙烯薄膜的塗裝維護膠
帶，除可覆蓋牆面等大面積之外，亦可用於保
護掛鐘的鐘面或穿衣鏡的鏡面等小範圍區域。

☞ 一字型螺絲刀

開啟蠟罐或塗料罐時使用。

☞ 棉紗布

擦除塗料、塗蠟時不可或缺的布。
以Ｔ恤等進行廢物利用亦可，建議
多準備一些。

☞ 噴霧器

鐵鏽加工、噴鏽蝕反應劑
時使用。使用一般商店購
買的噴霧器即可。

☞ 棕刷

上蠟時使用。建議準
備尺寸大一點的棕
刷。不容易使力時，
準備附把柄的塗蠟專
用棕刷更方便。

預備用輔助工具

角尺（L形規尺）

備有可描繪直角、45度角等線條的L
形規尺，製作印刷模板時更方便。從
事破壞加工之際，需要刮掉曲面或角
落塗膜以形成刮痕時亦可使用。

海綿刷

以海綿部分沾取塗料後塗刷。刷具有
彈性，方便塗刷。建議不希望留下刷
痕或希望將塗裝面處理得更平滑細緻
時使用。

BASIC TECHNIQUE

基本塗裝技巧

DIY塗裝的三個基本步驟流程為——
打底→正式塗刷→最後修飾。
本單元將介紹可成功地完成精美塗刷的基礎知識。

☞ 砂紙打磨技巧

可將塗裝面處理得更平滑的技巧，亦即塗裝前的打底作業。
以砂紙打磨表面，使塗料緊密附著後，塗裝面的平滑度與顯色效果即可呈現明顯的差異。

將砂紙撕成方便拿取的大小。因以剪刀裁剪砂紙會損傷刀刃，建議先摺出褶痕，再透過手撕或沿著規尺撕成適當大小。	順著木紋大範圍均勻地打磨表面。不要過於著急，請逐步打磨。建議放鬆力道，多打磨幾次，成品會越發精緻。	將砂紙捲在一塊大小適中方便拿取的木塊上，可使打磨作業更輕鬆、更有效率，還可利用木塊的邊角，將表面打磨得更平滑。	砂紙捲好木塊後，以手指按住頭尾交疊處避免鬆開。使用時須留意角度，不要斜斜地打磨。打磨後以棉紗布等，將過程中產生的碎屑擦乾淨。

☞ 刷具用法

以舒適且輕鬆的持刷方法，沾取適當份量的塗料，就是順利地完成油漆作業的最大關鍵。
以下將介紹正確的用法與油漆技巧。

 沾取約莫刷毛一半份量的塗料，在容器邊緣刮掉多餘塗料後塗刷。若整個刷毛都沾滿塗料，會使油漆過程中塗料垂滴。

 豎起刷具，順著木紋方向均勻地塗刷。避免太用力，善加利用刷具的彈性，靈活運用手腕，輕輕地塗刷即可。

Bad!

✗ 逆著木紋塗刷是不恰當的作法。逆著木紋塗刷時，既無法營造出漂亮的塗刷面，還可能損傷刷具。

✗ 塗刷時刷具未豎起或小指翹起，易因力量分散而無法塗刷得很均勻。

✗ 刷具完全直立的狀態下塗刷也不適當。可能因用力過度而無法均勻地塗刷。

☞ 打開／蓋上塗料罐

確實密封、保持乾淨，塗料才能維持在最佳狀態繼續使用。建議牢記打開與蓋上塗料罐的訣竅。

充分搖勻塗料後，一手握住罐身，一手拿著一字型螺絲刀，插入罐蓋邊緣的幾個位置，慢慢地將罐蓋往上撬開。

打開塗料罐，若看到塗料沈澱分離或顏色不均等情形時，請以免洗筷等攪拌均勻。

取用塗料後，應儘快蓋上罐蓋。罐蓋邊緣沾到塗料後會硬化而無法打開。因此取用塗料後，必須以棉紗布擦乾淨。

蓋上罐蓋時，將木塊墊在罐蓋上，以鐵鎚敲打木塊，確實地密封塗料罐。

☞ 漂亮油漆的訣竅

油漆箱狀小物或家具時，最難處理的部位是內側與角落。先處理較不容易塗刷的部位，就是塗裝得均勻細緻的最大關鍵。

拿起刷具，將刷毛抵在角落上，讓刷毛尾端的塗料滴入邊角，一邊移動刷具，一邊沿著角上邊線塗刷。

一手轉動塗刷面以形成角度，一手掌著刷具確實地塗刷側邊的塗裝面。

角落部位容易積存塗料，必須一邊按壓刷具，一邊均勻地塗刷。先將角落塗刷均勻後，再塗刷平面部分。

☞ 刷具使用後務必要清理乾淨

刷具上殘留的塗料很快就會乾掉。使用後必須確實地進行清潔，以便下次使用。

將刷具抵在舊報紙上，微微地按壓刷毛以清除多餘的塗料。太用力按壓可能傷及刷毛基部，處理時須留意。

刷具浸入水中後微微晃動以便清洗。塗料不易清除時，以指尖輕輕搓揉即可。若使用油性塗料，則需以溶劑輔助清潔。

將刷具靠在容器邊緣，刮掉多餘的水分。

以舊報紙或棉紗布擦乾水分，整理刷毛後陰乾。

 確實遵守油漆步驟，「不急不徐地」操作就能塗刷得很細緻。水性塗料氣味清淡，且使用方便，初學者也能安心使用。除非乾燥速度特別快的速乾性塗料，否則不需要急著塗刷。
另一個要點是必須確實作好打底作業。維護與打底可說是決定油漆效果的最大關鍵。既然想刷出自己最喜歡的顏色，就必須確實作好事前準備，以完成讓人目不轉睛的作品為重點目標！

ANTIQUE STYLE

【木料仿舊處理技巧】

一邊活用木料的自然氛圍，一邊營造出充滿歲月痕跡的雋永色澤，只要善加利用蠟與染色劑，即便嶄新的家具，也能輕鬆地營造濃濃的復古風情。本單元中將介紹簡單版的仿舊加工處理技巧。

蜜蠟的加工潤飾技巧

NOTEWORKS最常採用的處理方式。味道清淡，可打造獨特的自然光澤。

1 順著木紋，利用砂紙打磨，以提昇塗膜的附著力。

2 戴上手套。將鋼絲絨切成方便拿取的大小，以邊緣沾取少量蜜蠟後均勻地塗抹。鋼絲絨上的蜜蠟完全塗在表面上後，靜置15分鐘至30分鐘，促進吸收蜜蠟成份。

Paints & Tools

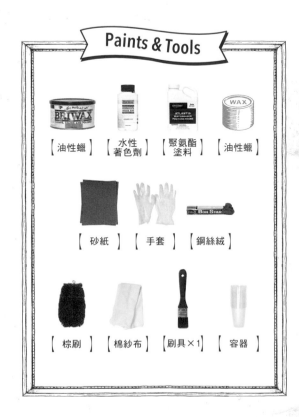

【油性蠟】　【水性著色劑】　【聚氨酯塗料】　【油性蠟】

【砂紙】　【手套】　【鋼絲絨】

【棕刷】　【棉紗布】　【刷具×1】　【容器】

3 以棕刷仔細地打磨。逐步將蠟成份刷進木紋深處，均勻地打磨後，就會漸漸地呈現出光澤。

4 以棉紗布擦除多餘的蠟。

Point!

使用纖維細緻的鋼絲絨，一邊打磨粗糙的木料表面，一邊上蠟，即可將表面處理得很平滑且能呈現自然光澤。

水性著色劑的加工潤飾技巧

以水稀釋後即可使用，可依喜好處理漆面的深淺與色澤。使用方便，以刷具就能塗刷。

1 順著木紋，利用砂紙打磨，以提昇塗膜的附著力。

2 戴上手套。將少量水性著色劑倒入容器裡，以水稀釋成兩倍左右。以刷具沾取稀釋液，順著木紋均勻地塗刷。

3 以棉紗布擦乾，靜置30分至1小時後確實乾燥，促進吸收著色劑。

4 將少量聚氨酯塗料倒入容器裡，以水稀釋成兩倍左右。以刷具薄塗後確實乾燥後，以質地細緻的砂紙打磨表面、再塗刷聚氨酯塗料原液，將顏色處理得更細緻。

Point!

使用聚氨酯塗料時，需要以下述步驟進行第二次油漆。

① 塗刷稀釋液後確實乾燥。
② 塗裝面以砂紙打磨得更平滑。
③ 打磨過程中產生的碎屑需確實擦乾淨後才塗刷原液。
④ 塗刷後必須完全乾燥。

油性蠟的加工潤飾技巧

具光澤感又比使用水性蠟來得持久，味道較重，處理時必須保持空氣流通。

1 順著木紋，以砂紙打磨，以提昇塗膜的附著力。

2 戴上手套，打開蠟罐，直接以刷具沾取蠟液後，順著木紋塗刷。※蠟液不容易抹勻，需避免多次重複塗刷！

3 乾燥約10分鐘（時間依氣候與環境而定）後，以乾棉紗布擦除多餘的蠟成份。

ANTIQUE STYLE

2

【塗料斑駁龜裂加工】

塗刷特殊塗料裂紋漆後，再重複塗刷一層塗料，促使產生龜裂斑駁效果，以提昇仿舊作品的歲月感。以色彩繽紛的塗料進行打底或局部修飾，就能營造出更經典優雅的氛圍。

1
順著木紋，利用砂紙打磨，以提昇塗膜的附著力。

2
塗刷打底塗料。打開白色牛奶漆的罐蓋，以免洗筷將罐中漆料攪拌均勻。

3
以刷具均勻塗刷後確實乾燥。

Paints & Tools

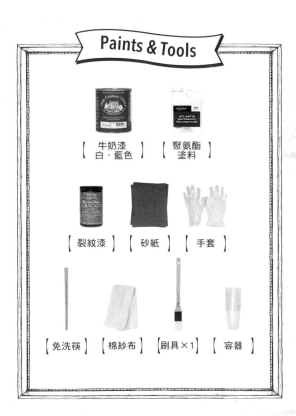

【牛奶漆 白·藍色】　【聚氨酯塗料】

【裂紋漆】　【砂紙】　【手套】

【免洗筷】　【棉紗布】　【刷具×1】　【容器】

4 打開裂紋漆的罐蓋，以免洗筷將罐中漆料攪拌均勻。

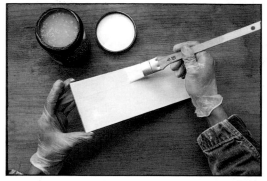

5 以刷具塗刷裂紋漆。順著木紋，朝著同一個方向均勻地塗刷後乾燥。
※若重複塗刷多次過多，就無法產生漂亮的龜裂斑駁狀態，須留意！

6 打開藍色牛奶漆的罐蓋，以免洗筷將罐中漆料攪拌均勻。

7 刷具多沾一些塗料，避免重複塗刷同一個位置。乾燥後塗刷方向產生裂紋，就會露出打底塗料的顏色。

8 步驟**7**確實乾燥後，將聚氨酯塗料搖勻，取少量倒入容器裡，順著木紋薄薄地塗刷，使表面均勻地形成一層塗膜，確實乾燥後即完成。

Point!

步驟**7**之後，以棉紗布沾取水性著色劑，使用拍打方式塗刷表面，即可營造出充滿歲月痕跡的氛圍。

ANTIQUE STYLE 3

1 順著木紋，利用砂紙打磨，以提昇塗膜的附著力。

【瓷釉裂紋加工】

使用陶瓷裂紋漆，促使產生陶瓷器般細緻的裂紋，充滿歲月風情。除了可用於處理木料之外，還可廣泛用於處理瓷磚、金屬等素材，盡情享受馬賽克藝術般的樂趣吧！

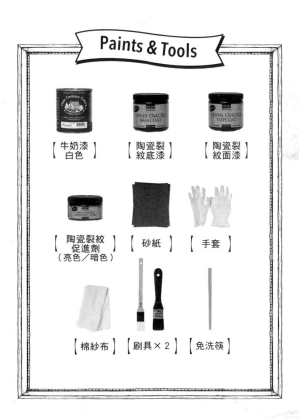

Paints & Tools

【牛奶漆 白色】	【陶瓷裂 紋底漆】	【陶瓷裂 紋面漆】
【陶瓷裂紋 促進劑】（亮色／暗色）	【砂紙】	【手套】
【棉紗布】	【刷具×2】	【免洗筷】

2 塗刷打底塗料。打開白色牛奶漆的罐蓋，以免洗筷將罐中漆料攪拌均勻。

3 以刷具均勻地塗刷後確實乾燥。

4 以刷具均勻地塗刷底漆後，靜置20分鐘至40分鐘，確實乾燥。

5 以刷具均勻地塗刷面漆。乾燥1小時至2小時後，表面就會產生裂紋。

Point!

未均勻塗刷時，易出現底漆塗刷不均的情形，須留意。重複塗刷多次則無法產生漂亮的裂紋，建議朝著同一個方向大面積塗刷。

6 以乾棉紗布沾取促進劑，逐步塗抹進裂紋。底色為亮色時使用暗色，底色為暗色時使用亮色，對比色系可將裂紋處理得更鮮明。

7

完全乾燥前，以棉紗布一邊擦掉多餘的塗料，一邊打磨整體。處理後靜置約1小時，確實乾燥。

ANTIQUE STYLE

【仿鐵&仿鏽加工】

打造復古風格絕對不可或缺的是IRON（鐵）的厚重感。在某些部分進行仿鏽加工或營造出暗沉色彩，就不會顯得過於精緻細膩，亦可呈現沉穩大方的韻味，連塑膠或木材製品都能營造出截然不同的氛圍。

1 順著木紋，利用砂紙打磨，以提昇塗膜的附著力。

2 將少量防氧化底漆倒入容器裡，以刷具沾取漆料後均勻地塗刷，刷好後確實乾燥。塗刷底漆可避免木料吸入鏽蝕反應劑。

Paints & Tools

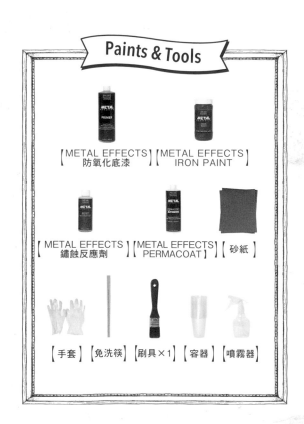

【METAL EFFECTS】防氧化底漆　【METAL EFFECTS】IRON PAINT

【METAL EFFECTS】鏽蝕反應劑　【METAL EFFECTS】PERMACOAT　【砂紙】

【手套】【免洗筷】【刷具×1】【容器】【噴霧器】

3 打開仿鐵塗料的罐蓋，以免洗筷將罐中塗料攪
拌均勻。

4 以刷具沾取漆料，薄薄地重複塗刷2次至3次，
等完全看不出底色後確實乾燥。漆料中含金屬
粒子，油漆後隨著時間流逝，表面自然地呈現
出紅色鐵鏽般的色澤。

5
將鏽蝕反應劑倒入噴霧器，均勻地噴塗整體
後，就會開始產生鏽蝕反應。一邊觀察變色程
度，一邊重複噴塗→乾燥步驟，直至呈現理想
色澤（圖中為重複三次後狀態）。

6
刷出理想色澤後，順著木紋塗
刷PERMACOAT以抑制反應，
保護塗裝面。

仿舊質感處理技巧

遮蔽
Masking

黏貼遮蔽膠帶,可將邊緣塗刷得更精美。
適合局部保留木紋或
希望清楚呈現兩個色調時採用的處理技巧。

將寬幅遮蔽膠帶緊密地黏貼於交界處。

以指甲刮過邊緣,避免凹凸不平,使遮蔽膠帶緊密貼合。

均勻地塗刷牛奶漆。

於半乾狀態下撕掉膠帶。完全乾燥後才撕膠帶,邊緣會留下痕跡。

全面塗刷聚氨酯塗料進行最後潤飾。

Point!

遮蔽膠帶邊緣附著塵垢時,就無法營造出清晰漂亮的邊緣線!
故黏貼前需先微微地搓揉遮蔽膠帶,去除附著在兩側邊的塵垢。

Finished!

學會基本油漆技巧後，

想不想運用其他方法增加變化，進一步地提昇仿舊氛圍，

打造充滿自我風格的作品呢？

素材經過改造後，成品就會呈現截然不同的樣貌。

以下就是推薦採用的處理技巧。

裂痕
Scratching

營造出使用過程中自然產生的刮痕或
塗料斑駁痕跡的破壞加工手法。
加工於手經常會接觸到的部分，就能使紋路更自然。

塗刷打底塗料，確實乾燥後，針對邊角進行塗蠟。塗蠟部分無法形成塗膜，容易打造斑駁狀態。

均勻地重複塗刷牛奶漆後確實乾燥。

以砂紙打磨塗蠟部分，磨出打底塗料顏色。

營造色澤不均效果。以棉紗布沾取適量蜜蠟後，塗抹在測試用木板等材料上，將顏色調得更均勻。

以步驟 4 的棉紗布，輕輕按壓處理成斑駁狀態的部分，壓上蜜蠟顏色。

利用棕刷，一邊將步驟 4 的測試用木板上的蜜蠟調得更均勻，一邊沾取少量蜜蠟。

以沾上蜜蠟的棕刷，均勻地打磨整體，促進吸收後，以棉紗布輕輕擦拭。

全面塗刷聚氨酯塗料後即完成。

Finished!

模板印刷
Stencils

轉印文字或圖案後進行重點裝飾的方法。
本單元將介紹使用文字模板與蕾絲布的創意巧思。
製作訣竅為均勻地塗刷塗料以呈現清晰圖案。

Point!

從事模板印刷時,建議採用刷毛較短,質地較強韌的「專用刷具」。
必須以拍打方式塗刷,才能順利地呈現清晰圖案。

☞ 轉印文字

必備物品 { 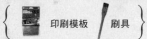 印刷模板 / 刷具 }

依喜好製作文字模板後,以遮蔽膠帶固定。模板與轉印面必須完全密合。

於舊報紙上進行試塗刷,刷具均勻地沾取塗料後,以輕拍方式少量多次重複塗刷。

確實乾燥後拿掉模板,塗刷聚氨酯塗料即完成。

☞ 轉印蕾絲花樣

必備物品 { 蕾絲布 / 刷具 }

擺好喜歡的圖案,以遮蔽膠帶固定。蕾絲布必須平整繃緊,以避免產生皺褶。

於舊報紙上進行試塗刷,刷具均勻地沾取塗料後,以輕拍的方式,少量多次重複塗刷。

確實乾燥後拿掉蕾絲布,塗刷聚氨酯塗料後即完成。

Finished!

Finished!

Finished!

P:31 重複塗刷

重複塗刷

Overpainting

最上層塗料剝落後，
就會浮現各種顏色的重複塗刷技巧。
呈現出既像反覆塗刷，又像經年使用後產生的痕跡，
使作品風格變得更豐富精采。

塗刷白色牛奶漆打底後，確實乾燥。

局部塗蠟。塗蠟部分重複塗刷塗料後，無法形成塗膜。塗膜剝離後會露出打底塗料的顏色。

大範圍塗刷第一種顏色的牛奶漆，塗刷成斑紋圖案。

不規則地刷入第二種顏色的牛奶漆。保留露出打底塗料顏色的部分後，確實乾燥。

在希望製造出剝離效果的部分進行塗蠟。

塗刷不同於步驟3的顏色，依序填滿空隙。

局部塗刷其他顏色，塗滿所有空隙後確實乾燥。

以步驟2、5要領，於希望製造出剝離效果的部分塗蠟。

準備重複塗刷在最上層的顏色，需確實地攪拌均勻。

刷具多沾取一些步驟9的塗料後，均勻塗刷。避免底下的顏色透出，乾燥後再刷第二次。

確實乾燥後，以砂紙打磨塗膜，磨出打底塗料顏色。以砂紙輕輕地打磨整體，塗蠟部分就會呈現剝落效果，請重點打磨塗膜剝落的部分。

塗刷聚氨酯塗料後即完成。

形成損傷痕跡
Damaging

於木料表面製造小傷痕，
營造經年使用的古木料氛圍。
使用錐子即可營造出蟲蟻啃咬傷痕，鐵鎚則可敲打出凹陷痕跡，
輕鬆打造自然質感。

利用錐子在木料邊角上戳出缺口般痕跡。

以錐子戳刺木料表面，製造昆蟲啃咬的小傷痕。

以鐵鎚輕輕敲打木料表面以打造凹陷痕跡。

順著木紋以鋼絲刷打磨木料表面，將木紋處理得更為深刻。

以砂紙打磨整個木塊表面。

木塊表面全面塗刷以水稀釋的水性著色劑。損傷部位立即吸附著色劑，使傷痕顯得更清晰。

以棉紗布擦除多餘的液劑後確實乾燥。顏色太淺時，以步驟6至7的方式重複塗刷。

戴上手套，以棉紗布沾取少量蜜蠟後，輕輕地拍在損傷痕跡上。

以蜜蠟填滿步驟8周圍。

以棕刷微微地刷開蜜蠟，促使整塊木料吸收蠟成份。

以乾棉紗布輕輕打磨後擦除多餘蜜蠟。擦除後確實乾燥。

塗刷聚氨酯塗料後即完成。

營造凹凸感
Rugging

打底塗料添加「石粉（※）」的塗裝處理技巧。
除了可營造出粗糙觸感與凹凸立體的厚度之外，
還可利用打磨方式，表現風化般質感。

※石粉：石塊粉碎處理而成的粉末，木工填縫時常用材料。市面上可買到DIY用石粉。

將打底塗料與石粉（皆適量）倒入容器裡。

以刷具攪拌至完全看不出粉末狀。

塗刷打底塗料。先以刷具塗刷整體，再以拍打方式塗刷，呈現凹凸狀態後確實乾燥。

以塗膜凸起部位為中心進行塗蠟。

均勻塗刷牛奶漆後確實乾燥。

以砂紙輕輕地打磨，將塗蠟部分的塗膜營造出剝落效果。

塗刷聚氨酯塗料後即完成。

Finished!

P：32 形成損傷痕跡

Finished!

P：33 營造凹凸感

可營造不同氛圍的骨董配件

除了運用塗裝技巧之外，將一些小五金換成充滿復古風格的配件，就能打造截然不同的氣氛。
建議以色澤暗沉的銅器或充滿厚重感的鐵器等，搭配氛圍組合運用，可製造出絕佳效果。試著拓展創作範疇，盡情享受塗裝樂趣吧！

選用喜愛的顏色

塗裝時，最不受拘束，同時也讓人最苦惱的是色彩的運用。市面上充滿各式各樣的塗料，塗料顏色要是讓人看到眼花撩亂，「到底該選用什麼顏色呢？」這個問題可能讓許多人感到相當煩惱，本單元將提出一些色彩運用相關的建議。本書中介紹的都是常用於處理損傷痕跡與仿舊效果等經年變化細節的顏色，不管使用哪種顏色，都能營造出仿舊效果。要選用何種顏色，完全取決於自身喜好，當然也需配合房間內的氣氛與擺放在周邊的家具，除此之外並沒有特別的規定，也沒有一定的標準，建議從喜愛的顏色開始進行塗刷，塗刷後若不滿意，再重複塗刷別的顏色即可。最重要的是能夠一邊嘗試一邊享受塗裝樂趣，以下將介紹幾項瞭解後可讓人更盡情地享受仿舊塗裝樂趣的要點，請讀者們不妨當作參考。

1 重複塗刷可營造對比效果的顏色

透過重複塗刷，以顏色營造耐人尋味的氛圍，選用打底與上層塗料時，建議挑選可營造對比效果的顏色。例如，以白色塗料打底，上層則重複塗刷深色塗料，等上層塗膜剝落後，經過摩擦就會散發出褪色似的韻味。反之，以深色、鮮豔顏色打底，再重複塗刷淺色塗料，經過剝離、龜裂加工處理後，從裂紋中透露出的顏色就變成重點，可欣賞到重複塗刷才可能產生的效果。

2 以深淺色澤打造自然逼真的痕跡

單一顏色也能作出不同的色彩變化。重複塗刷水性著色劑或以拍打方式塗蠟，就能打造出自然的深淺色澤。建議選擇人體比較容易碰觸到而磨損的部位（塗裝易剝落的部分），營造色彩濃淡的效果，即可完成自然逼真的痕跡。

3 混合塗料自行調色

塗裝的最大魅力在於可自由地重新油漆喜愛的顏色。重複塗抹不同色的蜜蠟，或自行混合塗料進行調色皆可，就算失敗，只需重新油漆，就能讓整體煥然一新。

混合塗料調色時，原則上須以淺色為基底，一邊少量多次添加深色塗料，一邊攪拌均勻。本書中介紹的製作範例也是使用混合塗料後調配的顏色。建議參考右圖，調出喜愛的顏色。若希望將顏色彈性地調深或調淺，請先備好白色與黑色塗料，調色時會較為方便。

任何塗料在乾燥後，顏色上都會出現若干差異。其次，以有色蠟或聚氨酯塗料作最後潤飾時，也會出現些許色差，因此，油漆前不妨先以零碎木塊等試塗刷以確認調色結果。調配的色彩潛藏無限的可能性，實際試塗刷後，經常會發現與自己的想像不同，也會因房間裡的氛圍或周邊擺放的家具而看起來有所差別。作業過程中，我也經常一邊塗刷，一邊視實際狀況需要改變顏色。能重新油漆也是塗裝的樂趣之一，建議不妨抱持著「尋覓顏色」的心情，輕鬆愉快地享受塗裝樂趣。

薄荷綠的調法 (→P.79)

| 將適量白色塗料杓入容器裡。 | 以免洗筷等沾取少量綠色塗料後加入。 | 攪拌均勻。顏色太淺時加綠色，太深時加白色。 |

酒紅色的調法 (→P.85)

| 將適量紅色塗料杓入容器裡。 | 少量多次添加，以免洗筷等沾取極少量黑色塗料後加入。 | 攪拌均勻。顏色不夠深時加黑色，太深時加紅色。 |

灰色的調法 (→P.89)

| 將適量白色塗料杓入容器裡。 | 少量多次添加，以免洗筷等沾取極少量黑色塗料後加入。 | 攪拌均勻。顏色太淺時加黑色，太深時加白色。 |

ONE PINT (16 fl.oz).473 LITERS

CHAPTER
2

生活小物的DIY局部塗裝

Antique Paint Recipe

先從生活物件著手進行塗刷改造

更換色彩後煥然一新的生活小物

PARTS PAINTING 1

Switch Plate

【開關面板】

家居用品商店或賣場就能買到的木製開關面板，是可輕鬆地完成仿舊塗裝的絕佳範本。利用沉穩色調進行加工，就能輕鬆地打造復古風格，亦能作為房間裡的重點裝飾。

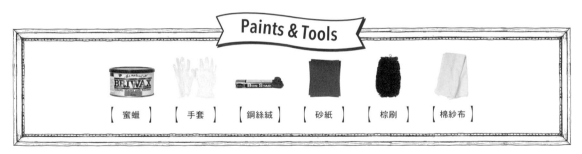

Paints & Tools

【蜜蠟】　　【手套】　　【鋼絲絨】　　【砂紙】　　【棕刷】　　【棉紗布】

1

順著木紋，利用砂紙打磨，以提昇塗膜的附著力。

2

戴上手套，將鋼絲絨切成方便拿取的大小，沾取少量蜜蠟後均勻地塗抹整體。

3

以棕刷均勻地打磨，直至呈現自然光澤即可。

4

以棉紗布擦除多餘的蜜蠟。

Point!

鋼絲絨或布料沾上蜜蠟後就會成為易燃物，必須沾濕才可丟棄。請戴著手套抓住用過的工具，沾水後脫下手套，並將手套捲成團狀後再丟棄。

PARTS PAINTING 2
Wall Clock

【掛鐘】

外型單調的掛鐘，經過仿舊加工處理側面後，風格截然不同。彷彿變身為歐洲老火車站內常見的古老掛鐘，充滿歲月的痕跡。重點為塗刷金色金屬塗料的鐘面滾邊。

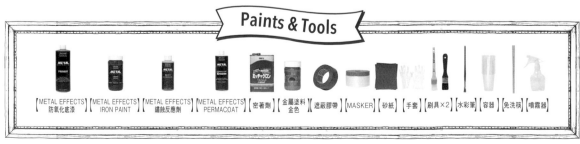

Paints & Tools

【METAL EFFECTS】防氧化底漆　【METAL EFFECTS】IRON PAINT　【METAL EFFECTS】鏽蝕反應劑　【METAL EFFECTS】PERMACOAT　【密著劑】　【金屬塗料 金色】　【遮蔽膠帶】　【MASKER】　【砂紙】　【手套】　【刷具×2】　【水彩筆】　【容器】　【免洗筷】　【噴霧器】

1 黏貼遮蔽膠帶。沿著鐘面裡側邊緣，緊密黏貼窄幅遮蔽膠帶。使用曲線用（寬5mm）遮蔽膠帶就能黏出漂亮曲線。

2 步驟1上重複黏貼寬幅遮蔽膠帶。訣竅是黏貼時微微地形成小皺褶。MASKER的附著力強勁，亦具備鐘面防塵作用。

3 沿著步驟2黏貼MASKER一圈後，綁緊塑膠帶部分以保護鐘面。無MASKER時以舊報紙覆蓋亦可。

4 利用砂紙微微地打磨側面，以提昇塗膜的附著力。

5 將少量密著劑倒入容器裡，沿著打磨過的紋路，薄薄地重複塗抹二至三次後確實乾燥。

6 塗刷防氧化底漆。將少量塗料倒入容器裡，均勻塗刷至完全看不出原來的顏色後確實乾燥。

7 戴上手套，以免洗筷將IRON PAINT攪拌均勻。

8 塗刷IRON PAINT。避免左右反覆塗刷，以刷毛尾端沾取塗料後，慢慢地移動刷具，拉長塗刷距離。均勻塗刷後確實乾燥。

9 進行鏽蝕加工。戴上手套，將適量鏽蝕反應劑倒入噴霧器後，距離約20cm進行噴霧，完成後擺在通風處，促使產生鏽蝕反應。

10 以金色塗料塗刷鐘面邊緣。

11
確實乾燥後，以砂紙打磨塗刷金色的部分。不規則地打磨出Z形刮痕，就能營造出經久使用的氛圍。打磨時砂紙上易附著塗料，需不斷地換面。

12
塗刷PERMACOAT以抑制鏽蝕反應。將少量PERMACOAT倒入容器裡，均勻塗刷後即完成。

Point! 利用鐘面上的凹凸設計，塗刷不同的顏色，更容易改變整體氛圍。

PARTS PAINTING 3

Hook Hanger

【掛衣架】

除可用於吊掛衣物之外,掛衣架本身就魅力無窮。在斑駁的乳白色漆面下,微微地透出繽紛色彩。以重複塗刷技巧,營造經久使用後所呈現的質感。

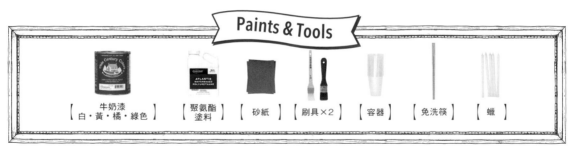

Paints & Tools

【牛奶漆 白·黃·橘·綠色】	【聚氨酯 塗料】	【砂紙】	【刷具×2】	【容器】	【免洗筷】	【蠟】

1 利用砂紙打磨，以提昇塗膜的附著力。

2 塗刷打底塗料。薄薄地塗刷至完全看不出原本的素材顏色。

3 塗刷橘、綠色牛奶漆。不規則地塗刷數次，形成斑駁狀態後確實乾燥。

4 填滿步驟**3**空隙般塗刷黃色牛奶漆後充分乾燥。

5 擺好蠟的角度，確實地塗抹整體。

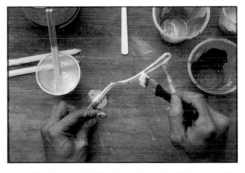

6 將黃色牛奶漆添加白色，調成乳白色。均勻地重複塗刷整體後確實乾燥。

7 希望營造出斑駁質感的部分以砂紙打磨，刮出底下的顏色。

8 塗刷聚氨酯塗料後即完成。

PARTS PAINTING 4

Basket

Paints & Tools

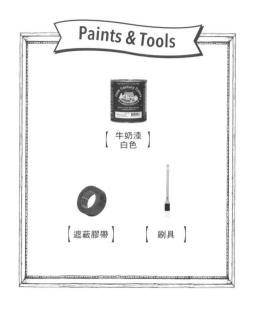

【牛奶漆】
白色

【遮蔽膠帶】　　【刷具】

【藤籃】

藤籃是仿舊塗裝中最容易的物件之一。油
漆部分為編織面，輕易地就能打造自然斑
駁的韻味。只塗刷上半部，還能欣賞到素
材原色與油漆後的色彩對比之美。

1

決定塗刷牛奶漆的寬度後，於
藤籃裡、外側黏貼遮蔽膠帶。

2

塗刷牛奶漆。以適合塗刷細縫的刷
具，大致塗刷整體後，以刷毛尾端
仔細地塗刷藤條之間的空隙。

3

乾燥後再重複塗刷一
次。等確實乾燥後撕掉
膠帶即完成。

PARTS PAINTING 5

Pendant Lamp Cover

【燈罩】

以無光澤感的綠色塗料，塗刷在質地輕盈的鋁質燈罩上，呈現出琺瑯般質感。燈罩邊緣營造鏽蝕痕跡，讓整體風格更加自然逼真。輕鬆地成為房間內的目光焦點。

Paints & Tools

| 【牛奶漆 綠・白色】 | 【密著劑】 | 【METAL EFFECT 鏽蝕反應劑】 | 【聚氨酯 塗料】 | 【遮蔽膠帶】 | 【砂紙】 | 【手套】 | 【刷具×3】 | 【容器】 | 【水彩筆】 | 【免洗筷】 |

1 不希望沾到塗料的部分（連接電線部分等）黏貼遮蔽膠帶，確實作好保護措施。

2 以砂紙微微地打磨整個燈罩外側，以便提昇塗膜的附著力。

3 塗刷密著劑。將少量塗料倒入容器裡，順著打磨痕跡，薄薄地塗刷2至3次後充分乾燥。

4 以白色牛奶漆塗刷燈罩邊緣的曲面。刷得越薄越好，儘量避免出現塗刷痕跡，重複塗刷2至3次。塗刷隱密部分時稍微超出範圍也無妨。

5 除了邊緣之外，燈罩外側全面塗刷綠色牛奶漆。使用寬幅刷具，整體大約塗刷3次左右以便讓顏色更加均勻。請小心塗刷，避免留下刷痕。

6 步驟**5**確實乾燥後，針對燈罩邊緣打造鏽蝕痕跡。以砂紙磨掉塗膜，局部打磨至露出鋁的顏色。

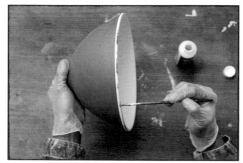

7 進行鏽蝕加工。戴上手套，以水彩筆將鏽蝕反應劑刷在露出鋁顏色的部分。塗刷後擺在通風良好的室外半天以上，促使產生鏽蝕反應。鏽蝕程度因氣候或環境而不同，可依喜好調整時間。

8 戴上手套，於塗裝面全面塗刷聚氨酯塗料後即完成。

GALLUP [蓋洛普]

1992年展開營業的室內裝潢材料行。以美國進口的舊料為主,商品種類豐富多元,包括日本國內相當罕見的商品。

於日本厚木、中目黑、門前仲町等地皆設有實體店面。由倉庫改建,面積約1,000平方米的厚木店展示區裡,廣泛地陳列著舊料、塗料、金屬零件、雜貨、家具、骨董雜貨、相關書籍等商品。琳瑯滿目的商品,令人流連忘返。

同時也是正式授權的BRIWAX總代理店,店面販售以蠟為首的各類塗料、刷具等;質感、韻味俱佳的門與五金等金屬零件的種類也很豐富,建議想更進一步地提升仿舊DIY處理技巧的消費者不妨去逛逛。

厚木展示區&倉庫

神奈川縣厚木市酒井78 天幸物流倉庫內19號倉庫

中目黑展示區

東京都目黑區青葉台3-18-9

門前仲町東展示區

東京都江東富岡2-4-4 1F

營業時間皆為10:00至19:00(新年期間休假)
http://www.thegallup.com/

ONE P___ (16 fl.oz) .473 LITERS

CHAPTER

3

生活小物的DIY局部塗裝

The original figure which is created by time and obsolescences. The making of things which we make the best use of the original figure is...
We think that there is natural wind. Note we are extremely difficult to manage just them.

Antique Paint Recipe

With Moments from Everyday Life

古典風室內裝潢&生活

將親手打造的復古物件加入平凡的景色中。
濃厚的骨董風情，
可輕鬆地營造出舒適美好的氛圍。

KOMONO #2 【美觀×實用的臂燈】 — P.72

FURNITURE #3 【飯店風推車】 — P.86

KOMONO #5 【法式全身鏡】 — P.78

KOMONO #1 【素雅沉穩的花盆】 — P.70

DIY #2 【藥櫃式多格收納櫃】 — P.96

FURNITURE #1

DIY #1 【魚骨紋椅凳】 － P.92

FURNITURE #4 【優雅茶几】— P.88

FURNITURE #2
【懷舊餐椅】— P.84

Let's enjoy painting!

NOW, LET'S

KOMONO #4 【一週衣架】— P.76

KOMONO #5
【法式全身鏡】— P.78

DIY #2 【藥櫃式多格收納櫃】— P.96

REMODEL!

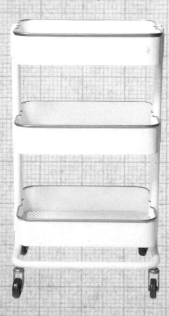

KOMONO #1

【素雅沉穩的花盆】

熱愛園藝的人看到喜愛的花盆樣式時,往往忍不住購買的慾望。以彩度較低的灰藍色搭配金黃色,花盆經過改造而充滿成熟韻味。想不想將花盆刷上各種顏色後並排在一起,將陽台妝點得既熱鬧又繽紛呢?

Flower Pot

Paints & Tools

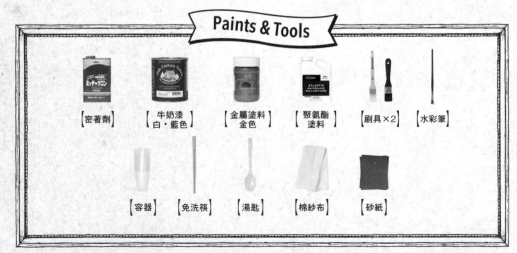

【密著劑】　【牛奶漆 白・藍色】　【金屬塗料 金色】　【聚氨酯 塗料】　【刷具×2】　【水彩筆】

【容器】　【免洗筷】　【湯匙】　【棉紗布】　【砂紙】

1 將少量密著劑倒入容器裡,以刷具沾取後塗刷整體。重複塗刷2次後確實乾燥。

2 將白色與藍色牛奶漆混合在一起,調成灰藍色後,全面塗刷花盆的外側。乾燥後塗刷第二次,塗刷完成後請確實乾燥。

3
以水潤濕棉紗布,將附著在
邊緣上的牛奶漆擦乾淨。

4
以砂紙打磨圓形裝飾部分,磨掉藍色塗
膜。空隙部分若仍殘留藍色塗料的痕跡
也沒有關係,反而會顯得更加自然。

5
以金色金屬塗料塗刷圓形裝飾
部分。水彩筆多沾一些塗料,
刷成飽滿的圓珠狀。只點一次
無法促使塗膜充分地附著,建
議點第二次以營造立體感。

6
充分乾燥後塗刷聚氨
酯塗料即完成。

KOMONO #2

【美觀×實用的臂燈】

選購臂燈時因較著重機能,而常與房間質感不搭調。經過油漆加工就能成為具備時尚感的室內裝飾。建議運用充滿工業設計感的氛圍,透過鏽蝕加工處理,營造出厚重感,為色彩單調的房間增添光彩。

Arm Lamp

Paints & Tools

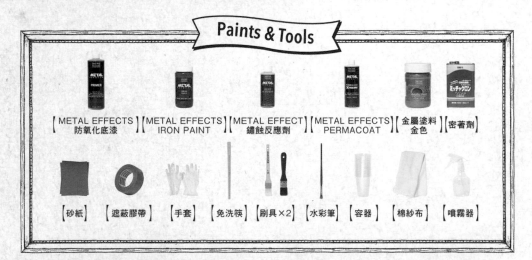

【METAL EFFECTS 防氧化底漆】 【METAL EFFECTS IRON PAINT】 【METAL EFFECT 鏽蝕反應劑】 【METAL EFFECTS PERMACOAT】 【金屬塗料 金色】 【密著劑】

【砂紙】 【遮蔽膠帶】 【手套】 【免洗筷】 【刷具×2】 【水彩筆】 【容器】 【棉紗布】 【噴霧器】

1 以砂紙輕輕地打磨塗裝面,以提昇塗膜的附著力。

2 不希望沾到塗料的部分(連接電線部分等)黏貼遮蔽膠帶,確實作好保護措施。

3 塗刷密著劑。戴上手套，將少量塗料倒入容器裡，順著打磨痕跡，薄薄地塗刷。重複塗刷2至3次後充分乾燥。

4 塗刷防氧化底漆。燈罩部分由中心往外，由上往下，朝著同一個方向移動刷具，呈放射狀塗刷。重複塗刷2次後確實乾燥。

5 塗刷IRON PAINT。戴上手套，以步驟4要領重複塗刷2次。因為底漆的關係，塗料無法形成塗膜時，再塗刷1次後確實乾燥。

6 鏽蝕加工。戴上手套，將適量鏽蝕反應劑倒入噴霧器後，距離20cm左右開始進行噴塗。

7 鏽蝕反應劑垂滴時，以棉紗布擦除。塗刷後擺在通風良好的室外半天以上，以促進反應。希望製造更明顯的鏽蝕效果時，請重複噴塗→乾燥步驟。

8 拆下彈簧，塗刷金色金屬塗料。固定本體的零件也進行塗刷。使用細筆，塗刷時會更輕鬆。

9 完全乾燥後，塗刷PERMACOAT即完成。以步驟4要領塗刷。使用刷毛平滑柔軟的刷具更容易進行油漆。

Point!

等待塗裝面乾燥時，可掛在S型掛鈎等裝置上，避免塗料沾染地板或牆面。

KOMONO #3

【細緻典雅的相框】

本單元將介紹簡單版作法，只需加上些許變化，即可將外型簡單素雅的木框，處理得媲美訂製相框。乍看之下顏色相當鮮豔，但透過細微地損傷痕跡，再加上以蜜蠟進行加工潤飾，就能完成外型沉穩大方的相框。

Frame

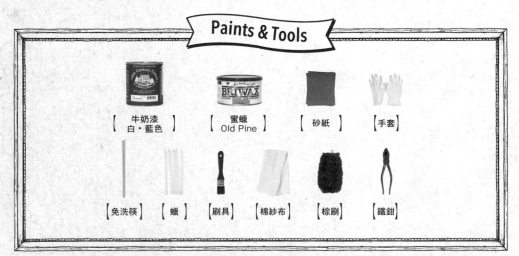

Paints & Tools

| 【 牛奶漆 白・藍色 】 | 【 蜜蠟 Old Pine 】 | 【 砂紙 】 | 【 手套 】 |

| 【免洗筷】 | 【蠟】 | 【刷具】 | 【棉紗布】 | 【棕刷】 | 【鐵鉗】 |

1 取下相框背板。處理圖中固定零件的相框前，建議先以鐵鉗拔除零件，以免傷及手部造成危險。

2 順著木紋，利用砂紙打磨，以提昇塗膜的附著力。

Point!

若要使油漆痕跡更美觀，將刷具彎成L形是不恰當的作法。建議將刷毛尾端緊貼角落上的銜接處，再分別塗刷每一邊。

3 塗刷打底塗料。將白色牛奶漆攪拌均勻，以刷具沾取後，朝著相同的方向移動刷具、逐步塗刷。均勻塗刷後請確實乾燥。

4 針對希望塗膜呈斑剝狀態的部分塗蠟。對著木框的邊、角等易出現損傷痕跡的部分塗抹最為適宜。

5 塗刷藍色牛奶漆。將塗料攪拌均勻後，朝著相同方向塗刷。均勻地重疊塗刷2次後充分乾燥。

6 以砂紙打磨塗蠟部分。將砂紙靠在框邊與具裝飾性的凹凸面後進行打磨。只需輕輕地打磨就會露出白色底漆，再繼續打磨就會露出原來的木紋。

7 針對塗裝剝落的木紋，營造出顏色斑剝的效果。戴上手套，以棉紗布沾取少量蜜蠟後，輕輕地拍在木紋上。蜜蠟塗抹太多時易導致塗膜剝落，所以只要輕拍即可。

8 以棕刷一邊塗蠟一邊促進吸收，輕輕地打磨整體，營造自然光澤。

9 以乾棉紗布擦掉多餘的蠟成份。用力擦拭易導致塗料剝落，須留意。

KOMONO #4

【一週衣架】

可吊掛心愛衣物的衣架,若標示上星期別,不僅方便穿搭,拿取衣物時也分外有趣。以水性著色劑刷出自然的色彩,非常適合日常生活中使用。運用模板印刷技巧,改變星期別的顏色,看起來更為經典。

Hanger

Paints & Tools

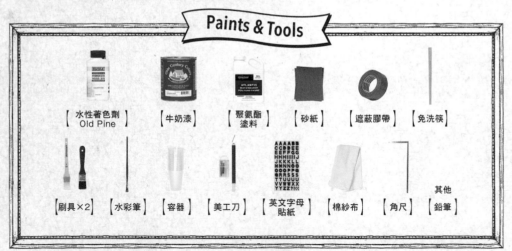

| 【水性著色劑 Old Pine】 | 【牛奶漆】 | 【聚氨酯塗料】 | 【砂紙】 | 【遮蔽膠帶】 | 【免洗筷】 |

| 【刷具×2】 | 【水彩筆】 | 【容器】 | 【美工刀】 | 【英文字母貼紙】 | 【棉紗布】 | 【角尺】 | 其他【鉛筆】 |

1 順著木紋,利用砂紙打磨,以提昇塗膜的附著力。

2 直接塗刷水性著色劑原液。希望顏色淡一點時,便將原液以水稀釋2倍左右。

3 塗刷後立即以棉紗布擦除多餘的液劑。

4 製作印刷模板。在相當於衣架正面的位置黏貼寬幅遮蔽膠帶。

5 利用角尺，描繪裝飾框。

6 沿著描繪的線條，以美工刀切割膠帶。過度用力切割會損傷衣架表面，須留意！

7 微微地撕開切割線裡側的膠帶，完成裝飾框。

8 將英文字母貼紙貼在裝飾框裡。

9 以指甲刮過貼紙邊緣，促使緊密貼合。

10 以牛奶漆塗滿裝飾框部分。塗裝範圍窄小，相較於使用刷具，以細筆塗刷，既可避免超出範圍又能處理得更細緻。

11 步驟 **10** 確實乾燥後，以美工刀的刀尖，輕輕地挑起貼紙的邊角，慢慢地撕掉貼紙。

12 以聚氨酯塗料塗刷整體後即完成。

KOMONO #5

【法式全身鏡】

擺在房間裡就能呈現存在感
十足的全身鏡。更換薄荷綠
外衣後立即產生變化,變得
既可愛又充滿法式普普風
情。打造出細緻美觀的外
貌,使出門前的整裝樂趣倍
增!

Mirror

Paints & Tools

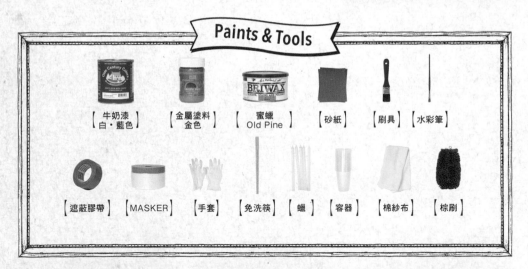

【牛奶漆】【白·藍色】　【金屬塗料】【金色】　【蜜蠟 Old Pine】　【砂紙】　【刷具】　【水彩筆】

【遮蔽膠帶】　【MASKER】　【手套】　【免洗筷】　【蠟】　【容器】　【棉紗布】　【棕刷】

1 順著木紋,利用砂紙打磨,以提昇塗膜的附著力。

2 黏貼MASKER。沿著鏡面邊緣,緊密黏貼窄幅遮蔽膠帶。使用曲線用(寬5mm)遮蔽膠帶就能黏貼出漂亮曲線。

3 步驟**2**上重複黏貼寬幅遮蔽膠帶。訣竅是黏貼時微微地形成小皺褶。MASKER的附著力強勁,亦具備鏡面防塵作用。

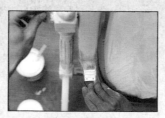

4 沿著步驟**2**黏貼MASKER一圈後，綁緊塑膠帶部分以保護鏡面。無MASKER時以舊報紙覆蓋亦可。

5 打底塗料。順著木紋，由上往下塗刷白色牛奶漆。微微地留下刷痕也無妨。重複塗刷2到3次，至遮蓋木紋後再充分乾燥。

6 不規則地塗蠟。以邊角與突出部位等經常會接觸到的部分為塗蠟重點。

7 白色牛奶漆添加綠色，調成薄荷綠色（請參照P.34）。順著木紋，以刷具沾取塗料後，滑過表面似地朝著相同方向重複塗刷。刷好後乾燥，乾燥後再次全面塗刷，等待確實乾燥。

8 以砂紙打磨塗蠟部分以形成摩擦痕跡。只需輕輕地打磨就會露出白色底漆，繼續打磨就會露出原來的木紋。

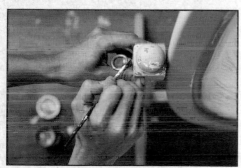
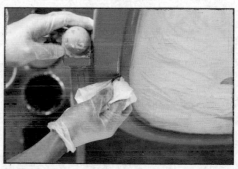

9 以金色金屬塗料塗刷金屬零件。

10 針對塗裝剝落的木紋，營造出顏色斑剝的效果。戴上手套，以棉紗布沾取少量蜜蠟後，輕輕地拍在木紋上。蜜蠟塗抹太多時易導致塗膜剝落，此時輕拍剝落處即可。

11 以棕刷一邊塗蠟一邊促進吸收，輕輕地打磨整體後，就會逐漸地呈現自然光澤。

12 以乾棉紗布擦除多餘的蠟成份。用力擦拭易導致塗料剝落，須留意。希望將整體打造出光澤感時，可塗刷聚氨酯塗料。

NOTEWORKS室內裝潢店鋪

從餐廳、服飾店到一般住宅的室內裝潢，

皆盡其所能地達成委託者的「期望」。

以下介紹的都是具體實現理想，完全以手工打造的空間設計。

OZAWA

小澤雄志、雅志兩兄弟攜手經營的葡萄酒酒吧。2014年11月於東京祐天寺展開營業。弟弟雅志是相當活躍的畫家，因為訂作繪畫作品畫框的機緣下決定進行店內裝潢。以白色為基調，簡潔俐落又充滿設計感的店內擺設，散發著優雅溫馨的居家氛圍。精心烹調的料理與美酒也吸引不少顧客再次回店消費。

東京都目黑區祐天寺1-20-8 1F
午餐／12:00～14:00（平日只提供外帶）
晚餐／18:00～24:00（L.O.）
店休日／週日・連假的最後一天
https://www.facebook.com/ozawabar

Green Angle

座落在東京原宿的男仕精品店。引領美式古典休閒樣式風潮的人氣店。以紐約美國布魯克林區街角風光為設計構想，建築外觀以深色為基調，呈現出乾淨俐落、設計簡約的風格。店裡配置復古風家具，如同舊式公寓大樓裡的空間樣貌，巧妙地襯托出店主精心挑選的商品。

東京都渋谷區神宮前3-27-4
12:00～20:00
不定休
http://www.greenangle.jp/

FURNITURE #1

【裝滿回憶的層櫃】

將造型簡單的層櫃塗刷成深綠色，就能成功營造出優雅穩重的風格，可搭配各種設計感的房間。抽屜裝上充滿復古風情的標示牌，一年一個抽屜，可盡情地收藏承載回憶的物品。

Drawer

Paints & Tools

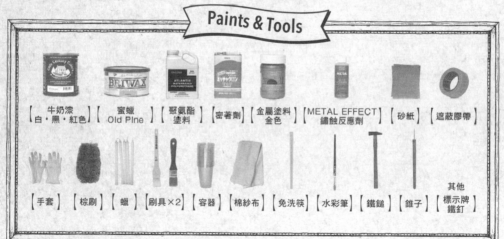

【牛奶漆 白・黑・紅色】 【蜜蠟 Old Pine】 【聚氨酯塗料】 【密著劑】 【金屬塗料 金色】 【METAL EFFECT 鏽蝕反應劑】 【砂紙】 【遮蔽膠帶】

【手套】 【棕刷】 【蠟】 【刷具×2】 【容器】 【棉紗布】 【免洗筷】 【水彩筆】 【鐵鎚】 【錐子】 其他 【標示牌 鐵釘】

1 順著木紋，利用砂紙打磨，以提昇塗膜的附著力。

2 以刷具沾取白色牛奶漆，順著木紋打磨似地由上往下塗刷。重複塗刷2至3次，直至木紋消失後再確實乾燥。

3 不規則地塗蠟。以邊角與突出部位等經常會接觸到的部分為塗蠟重點。

4
於綠色牛奶漆中添加黑色塗料，調成深綠色。以刷具沾取塗料後，順著木紋，朝著相同方向塗刷，請重複塗刷避免木紋露出。邊緣塗刷完畢需先乾燥，接著塗刷完整體後，再確實乾燥。

5
以砂紙打磨塗蠟部分，輕輕地打磨就會露出白色底漆，繼續打磨就會露出原來的木紋。

6
針對塗裝剝落的木紋，營造出顏色斑駁的效果。戴上手套，先在其他木板上將蜜蠟抹均勻，再以棕刷沾取少量蜜蠟，輕輕地刷在木紋上，以促進吸收。

7
一邊以乾棉紗布擦除多餘的蠟，一邊打磨整體。過度用力打磨可能導致塗膜剝落，須留意。

8
確實乾燥後，於塗裝面塗上聚氨酯塗料即完成。

9 依抽屜數準備標示牌後以砂紙打磨。

10 戴上手套，在塗裝面塗刷密著劑後充分乾燥。

11 將金屬塗料攪拌均勻後，塗刷於標示牌表面。塗料附著狀況不佳時，塗刷第二次。

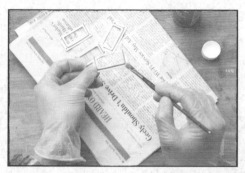

12 戴上手套，以水彩筆塗刷鏽蝕反應劑。充分乾燥後，表面就會失去光澤，呈現自然鏽蝕效果。

13 將標示牌固定在抽屜上。決定安裝位置後，黏貼遮蔽膠帶作為記號。

14 擺好標示牌，以錐子輕戳記號，標出釘釘子的位置。

15 一手按住標示牌，一手釘釘子。確實固定後撕掉遮蔽膠帶。

FURNITURE #2

【懷舊餐椅】

從幼年時期就一直擺在家裡的餐椅，經過歲月的流逝而顯得老舊，與周圍格格不入。因此決定將餐椅顏色換成色澤高雅的酒紅色。經過重新塗裝後，滿是傷痕的椅子散發出別樣風情，復古的氛圍倍增，也顯得越發深邃迷人。

Chair

Paints & Tools

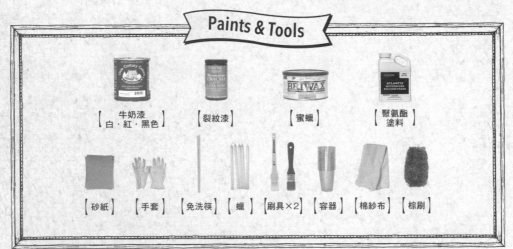

【牛奶漆 白·紅·黑色】　【裂紋漆】　【蜜蠟】　【聚氨酯塗料】

【砂紙】　【手套】　【免洗筷】　【蠟】　【刷具×2】　【容器】　【棉紗布】　【棕刷】

1 順著木紋，利用砂紙打磨，以提昇塗膜的附著力。

2 以刷具沾取白色牛奶漆，由上往下均勻地塗刷椅腳處後確實乾燥。

3 在椅面的邊角等經常會接觸到的部位塗蠟。塗蠟部位無法形成塗膜,更容易製造斑駁狀態,露出打底塗料顏色。

4 塗刷裂紋漆。於想打造龜裂效果的部分,順著木紋,朝著相同方向塗刷後充分乾燥。

5 以紅色與黑色牛奶漆調出酒紅色(請參照P.34)。以刷具沾取大量漆料後塗刷,但需避免重複塗刷。若出現些許留白也沒關係。乾燥後自然會形成裂紋。

6 將砂紙靠在想製造出破壞效果的部位,以推壓方式打磨,將塗膜處理成斑駁狀態。輕輕地打磨就會露出白色底漆,繼續打磨就會露出原來的木紋。

7 戴上手套,以棉紗布沾取少量蜜蠟後,輕輕地按在木紋上。蜜蠟塗抹太多時易導致塗膜剝落,此時輕拍剝落處即可。

8 以棕刷將蜜蠟抹勻以促進吸收。漸漸地塗裝面就會產生自然光澤。

 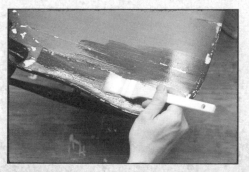

9 蜜蠟乾燥後,以乾棉紗布擦拭,請記得再整理一次椅面。

10 最後全面塗刷聚氨酯塗料後即完成。

FURNITURE #3

【飯店風推車】

實用的金屬製推車。將車體油漆成雪白顏色，再將邊緣與金屬配件部分刷成金色，便成了就充滿歐洲飯店早餐時常見的餐車。可用於擺放漂亮的書本或運送早餐，用途非常廣泛。

Cart Rack

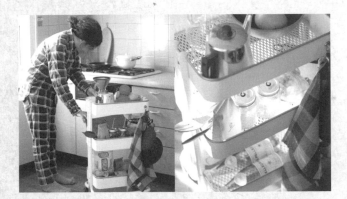

Paints & Tools

【牛奶漆 白·綠色】　【金屬塗料 金色】　【密著劑】　【聚氨酯 塗料】

【砂紙】　【遮蔽膠帶】　【手套】　【免洗筷】　【刷具×2】　【容器】

1 以砂紙打磨整體，微微地打磨出刮痕即可。

2 戴上手套，均勻塗刷密著劑後充分乾燥。邊緣或車輪等金屬配件也以相同要領塗刷，以便提升塗膜的附著力。

4

網籃邊緣部分黏貼遮蔽膠帶，確實作好保護措施。

5

餐車全面塗刷白色牛奶漆。若要避免留下刷痕，請往相同的方向進行塗刷。重複此步驟2至3次後再確實乾燥。

6

塗刷邊緣與金屬配件部分。沿著網籃邊緣下方黏貼遮蔽膠帶，確實作好保護措施。由於撕除時可能導致塗裝脫落，建議使用黏性較低的膠帶。

7

將金屬塗料攪拌均勻後，塗刷邊緣與金屬配件部分。塗刷第一次時塗料附著效果不佳，在乾燥後再塗刷一次，透過重複塗刷以營造出絕佳的塗裝效果。

8

確實乾燥後，全面塗刷聚氨酯塗料即完成。

FURNITURE #4

【優雅茶几】

實用但外觀陳舊的大茶几。活用桌面的木紋,經過改造後充滿時尚感。以單一色彩進行詮釋,全面塗刷霧面灰色調,營造優雅歐洲風味。隨處可見的細小刮痕,充滿歲月刻畫的韻味。

Low Table

Paints & Tools

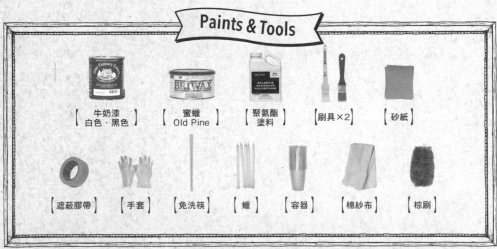

牛奶漆 白色‧黑色	蜜蠟 Old Pine	聚氨酯 塗料	刷具×2	砂紙
遮蔽膠帶	手套	免洗筷	蠟	容器	棉紗布	棕刷

1 以砂紙打磨整體(桌面除外),提升塗膜的附著力。

2 沿著桌面與邊緣的交界處黏貼遮蔽膠帶,確實作好保護措施。

3 以刷具沾取白色牛奶漆,於漆面進行塗刷。留下些許刷痕也無妨。

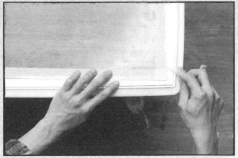

4 打底塗料充分乾燥後，不規則地塗蠟。以邊角和側邊等經常會碰觸到的部位為塗蠟重點。

5 以黑色與白色牛奶漆調成灰色（請參照P.34）。順著木紋移動刷具，避免塗刷不均。乾燥後再重複塗刷整體。

Point!

若刻意製造細長的線狀刮痕，會顯得矯揉造作，必須一邊觀察整體狀況，一邊打磨出1至2公分的傷痕。僅製造幾處打磨的痕跡，比全面均勻打磨顯得更自然。

6 塗料確實乾燥後，以砂紙打磨塗蠟部分。輕輕地打磨就會露出白色底漆，繼續打磨就會露出原來的木紋。

7 針對塗裝剝落的木紋，製造顏色斑剝的效果。戴上手套，以棉紗布沾取少量蜜蠟後，輕輕地拍在木紋上。蜜蠟塗抹太多時易導致塗膜剝落，建議先塗抹在其他板材上，再以棉紗布沾取後輕輕拍上。

8 利用棕刷，一邊塗抹一邊促進吸收。逐漸地就會呈現自然光澤。

9 以乾棉紗布擦除多餘的蜜蠟。請避免過度用力擦拭而導致塗料剝落。

10 充分乾燥後，於塗裝面塗刷聚氨酯塗料即完成。

10 DIY TOOLS

本單元介紹的椅凳與櫥櫃，

都是以價格平實的凳子或小木箱「改造」而成的創意作品。

前往居家用品賣場選購木料，賣場就會幫忙裁切成需要的尺寸，

因此不需要特地購買電動工具。

本單元介紹的工具中，大多為一般家居商店就能買到的工具。

建議只需購買必要工具，即可完成充滿獨特風格的室內裝飾！

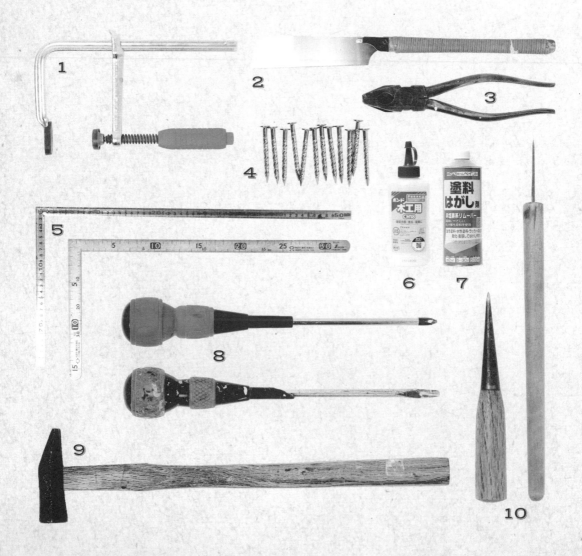

1

夾具

將木料等固定在工作台上的工具。本書中用於固定以接著劑貼合後乾燥的木料，準備兩個以上的夾具，使用更方便。

2

鋸子

將木料裁切成需要的尺寸或裁切掉不必要的部分時使用。鋸子形狀因裁切對象而有所不同。木工用以單側安裝可拆式鋸片的類型為主流。

3

鐵鉗

以前端夾住螺絲釘等以便拴緊、鬆開的工具。鐵釘或螺絲釘太長時，可剪掉頭部。

4

鐵釘／螺絲釘

若要確實固定兩塊木料，需要使用鐵釘或螺絲釘。本書中處理櫥櫃時使用長約16mm的小鐵釘。

5

角尺（規尺）

測量尺寸、描畫基準線的必要工具。使用L形規尺即可精準地測量邊角尺寸。長、短規尺各準備一支，使用更方便。

6

木工用接著劑

方便貼合固定木料或增加強度。

7

剝離劑

鋼鐵或木料形成塗膜後，促使塗膜剝離的特殊液劑。還原金屬面時使用。處理時必須配戴耐藥性手套。使用刮板或皮革削薄器輔助會更方便。

8

螺絲刀

配合螺絲大小，準備不同規格的螺絲刀，若能購買整組，使用會更方便。本書中於固定凳腳和椅面時使用。

9

鐵鎚

固定釘子的工具。在木料表面打造凹陷痕跡時也會使用。

10

錐子／冰鑽

鑿釘孔前作記號時使用。於木料上製造蟲啃痕跡時也會使用。無錐子時可以冰鑽取代。

DIY準備作業

✗ 需確保足夠空間，
確實作好周邊環境防護措施。

✗ 從事噴塗作業或
使用氣味較重的藥劑時，
儘量於室外作業。

✗ 本書中介紹的實作範例，
設定零組件尺寸時，
係以既製品凳子
與小木箱大小為基準。
準備木料時，可委請居家用品賣場
配合需要的尺寸裁切木料，
使用時會更方便。

✗ 準備木片、木板的數量務必充分，
以備試塗刷或預備之用。

✗ 使用衝擊式螺絲刀
可大幅節省作業時間與勞力，
但必須針對噪音與震動等
確實作好周邊防護措施。

DIY #1

【魚骨紋椅凳】

到處都能見到的組裝式椅凳，換上木頭椅面，營造復古氛圍。磨除鐵製椅腳的表面塗裝，進行鏽蝕加工處理後，與木頭椅面的搭配性更佳，並產生獨特的韻味。椅面上的魚骨紋相當引人注目，也很適合當作小茶几使用。

Stool

Materials

組合式椅凳（鐵製椅腳） 1張
木片（150×30×厚9mm） 28片（其中2、3片分別裁成小木片）
椅面底板（300×300×12mm） 1塊
固定用木板（和椅面相同大小） 1塊
螺絲釘（※固定椅凳的零件太短時使用） 16mm×5根

Paints & Tools

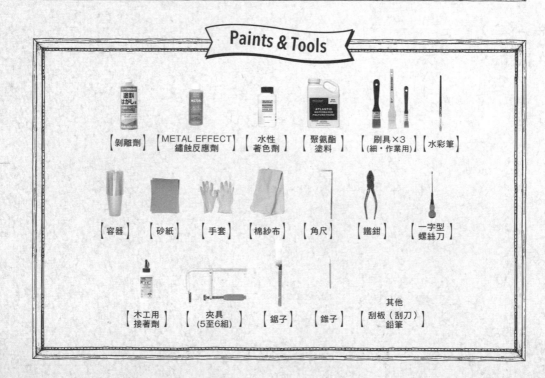

【剝離劑】　【METAL EFFECT鏽蝕反應劑】　【水性著色劑】　【聚氨酯塗料】　【刷具×3（細‧作業用）】　【水彩筆】

【容器】　【砂紙】　【手套】　【棉紗布】　【角尺】　【鐵鉗】　【一字型螺絲刀】

【木工用接著劑】　【夾具（5至6組）】　【鋸子】　【錐子】　其他【刮板（刮刀）鉛筆】

1 以用鐵鉗與螺絲刀拆除椅腳。

2 促使椅腳的樹脂塗裝剝離。戴上手套，以水彩筆（細刷）塗刷剝離劑。被椅面遮擋的部分不需塗刷。塗刷後靜置片刻，樹脂塗料就會自然浮上表面。

3 以刮刀（刮板）刮除表面的樹脂塗料。若想留下斑剝氛圍，則不需徹底清除。

4 利用砂紙打磨，以提昇塗膜的附著力。

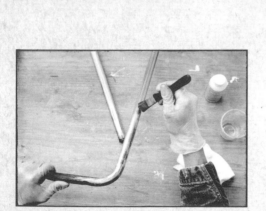

5 加工製造鏽蝕效果。戴上手套，使用細刷，局部塗刷鏽蝕反應劑。塗刷後椅腳很快地就會轉變顏色。

6 液劑太多易留下垂滴痕跡，需立即以棉紗布擦除。塗刷後置於通風良好的場所，促使產生鏽蝕作用。

7 製作魚骨紋圖案的椅面。和椅面底板呈45度角，將一塊木片排在底板邊緣，以鉛筆作記號，標出對角線上的兩個角與底板邊端確實吻合的位置。

8 以標註的記號為起點，擺好角尺，描畫直角基準線。

9 將木片對齊基準線，暫時組合成圖中模樣。邊端的空隙則放入事先裁好的小木片。

Point!

以夾具固定時，必須擺在既平穩又可墊高底部的平台上。可使用箱子，製造一個當夾具夾住木板時仍得以平穩擺放的設施。

10 掌握組合訣竅後，即可黏貼於椅面底板上。木片的底面與側面都塗抹接著劑後，依序組合黏貼在塗抹木工接著劑的椅面底板上。重點為一邊黏貼一邊按壓以促使兩者緊密貼合。接著劑溢出時請以棉紗布擦拭乾淨。

何謂魚骨紋圖案？

木地板鋪貼方式之一，持續地構成V型，狀似鯡魚（hering）骨（bone）而得名。各部位的顏色與木紋呈現微妙差異，更加突顯出木料的自然氛圍。只需要多花一些心思，即可大幅提升作品的細緻度。

11 完成組合作業後，靜置10分鐘左右，稍微乾燥後，加上固定用木板，即可夾上夾具。四角與中央微微地夾住，一邊微微地轉動各個夾具，一邊拴緊夾具，即可平均固定。在夾著夾具的狀態下擺放半天以上，直至完全乾燥。

12 以相同要領一邊微微地鬆開，一邊拆下夾具。

13 椅面的背面朝上，擺在可架高底部的台子上，裁掉超出底板範圍的木片。將鋸子靠在底板邊緣，以相同的節奏推動鋸子，去除多餘的部分。

14 利用砂紙，將椅面的邊角與側面打磨平滑。砂紙研磨面垂直靠在需要打磨的部位，將四個角打磨成圓弧狀。可將砂紙捲上木塊更方便作業進行。

15 以棉紗布將椅面擦乾淨後，塗刷水性著色劑。希望活用木料顏色時，可先將著色劑以水稀釋兩倍左右後再使用。請順著各部分的木紋塗刷，背面也要均勻地塗刷，完工後乾燥30分鐘左右。

Point!

塗料乾掉後卻顯示不出顏色，請別太擔心。等塗刷聚氨酯塗料後，就會消除泛白現象，突顯出各部位的顏色。

16 組裝步驟**6**的椅腳，塗刷聚氨酯塗料可完全抑制鏽蝕反應。請先塗刷以水稀釋兩倍左右的稀釋液，乾燥後重複塗刷原液（二次塗刷），就會形成漂亮的保護膜。

17 椅面的正面與背面分別塗刷聚氨酯塗料（二次塗刷）。塗刷第一次後就會出現毛邊（粗糙）現象，因此，塗刷原液前，必須以砂紙將整個椅面打磨得很平滑。

18 結合椅腳與椅面。先以鑿子鑽上孔洞，再以螺絲刀拴上螺絲釘後確實固定住。

DIY #2

【藥櫃式多格收納櫃】

組裝許多抽屜的收納櫃，是人氣骨董家具之一。以市售的
小格木箱，加上手作外框即可完成造型可愛的櫥櫃。可配
合房間大小增加抽屜或作成不同高度，喜愛手作的你可從
中獲得不少樂趣。

Cabinet

Materials

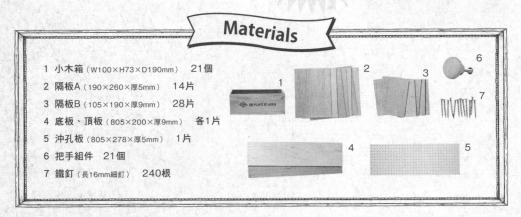

1　小木箱（W100×H73×D190mm）　21個
2　隔板A（190×260×厚5mm）　14片
3　隔板B（105×190×厚9mm）　28片
4　底板、頂板（805×200×厚9mm）　各1片
5　沖孔板（805×278×厚5mm）　1片
6　把手組件　21個
7　鐵釘（長16mm細釘）　240根

※此櫥櫃係以小木箱尺寸為基準，總共由七個三層抽屜箱構成。木料尺寸因小木箱大小與抽屜數而有所不同。依喜好打造櫥櫃
時，必須以小木箱的收納空間為基準，加上左右側與上側分別預留的2mm裕度來計算、調整尺寸。

Paints & Tools

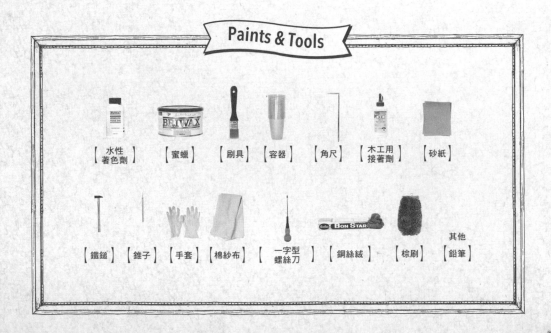

【水性
著色劑】　【蜜蠟】　【刷具】　【容器】　【角尺】　【木工用
接著劑】　【砂紙】

【鐵鎚】　【錐子】　【手套】　【棉紗布】　【一字型
螺絲刀】　【鋼絲絨】　【棕刷】　其他
【鉛筆】

1 製作三層抽屜箱。於隔板A背面描畫記號線，標出組裝層板的位置（以小木箱高度＋2mm為大致基準）。隔板B側面塗抹木工用接著劑後垂直黏貼。乾燥至不會晃動後，將隔板A貼在另一側，貼好後充分乾燥。

2 以鐵釘固定隔板。對齊重疊隔板B的位置，利用錐子，於抽屜箱外側，分別戳上三處記號。

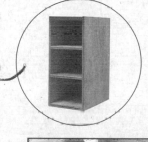

3 鐵釘筆直釘入步驟**2**作記號的位置。釘好其中一面的12處（3處×4片）後，以相同要領釘入鐵釘，固定住另一側，釘好後即完成。重複步驟**1**至**3**要領，共製作7個抽屜箱。

4 組合抽屜箱。底板的其中一面塗抹木工用接著劑後，由端部開始分別貼合抽屜箱。抽屜箱底部與側面也需記得塗抹接著劑。

5 以木工接著劑貼合頂板。雙手用力按壓促使兩者緊密貼合後，擺在平坦之處充分地乾燥。

Point!

以木工接著劑貼合頂板。雙手用力按壓促使兩者緊密貼合後，擺在平坦之處充分地乾燥。

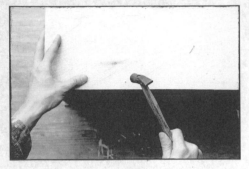

6 以鐵釘固定抽屜箱與頂板。以鉛筆在距離端部15mm處畫線後，於四角的交叉點（共4處）、線與各抽屜箱中心的交會處（2×7處），總共18處以鐵釘固定。再以相同要領固定底板側。

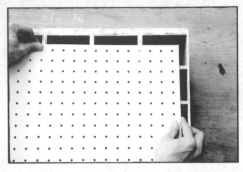

7 安裝背板。本體背面塗抹木工接著劑後，貼合沖孔板。以雙手按壓至兩者緊密貼合後，先放置一旁稍微地乾燥。

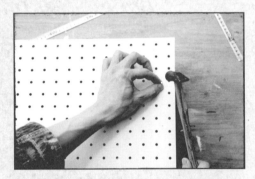

8 以鐵釘固定背板。以鐵釘固定各抽屜箱的隔板B重疊部位（各4處），與左右邊端（各4處），確實固定各處後，即完成櫥櫃本體。

9 以水性著色劑進行著色。塗料以水稀釋兩倍左右後，順著木紋，塗刷整體。小木箱表面與把手組件也著色後充分乾燥。

Point!

若要讓整體充滿繁富絢麗的氛圍，可利用牛奶漆，於小木箱把手安裝面上塗刷繽紛色彩。將著色後的小木箱組合成一體，就能打造亮麗的外型。

10 安裝小木箱把手。利用錐子在安裝面中央鑿孔後，由小木箱裡側穿入螺絲，再裝上把手。使用螺絲刀確實拴緊以避免鬆脫。

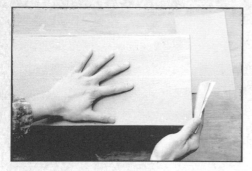

11 以砂紙打磨櫥櫃本體，將四角磨圓，再將表面打磨得很平滑。

12 顏色刻意處理不均以營造仿舊韻味。戴上手套，以鋼絲絨沾取蜜蠟，局部輕壓蜜蠟，製造斑駁效果。

13 以棕刷輕輕打磨步驟**12**以促進吸收。吸收蠟成份後就會呈現自然光澤。小木箱顏色也刻意處理得不均勻。

14 以乾棉紗布輕輕打磨後，擦掉多餘的蠟成份。充分乾燥後分別放入小木箱即完成。

ABOUT
NOTE WORKS & CO.

NOTEWORKS起源於舊料行遇見的廢料。
在思索如何將中古家具的木料改製成畫框的機緣巧合下，
對以舊料創作新作品的樂趣深深著迷。

初期，我們既沒有工具，也沒有工作室，
都是向附近的木料行商借工作室，
並與因緣際會結識的木工師傅們學習，
「有樣學樣」地透過實驗與嘗試錯誤後，
累積不少經驗，奠定目前的手作風格。

我們最珍視的是，
隨時懷著學習的精神「將創作的構思化為成形的作品」。
每一件畫框與家具作品都是「理念」的呈現，
這就是NOTEWORKS的風格。

位於世田谷的店面兼藝廊，
同時也是自由揮灑嶄新創意的實驗場所。
堅持手作的空間，
於2015年2月才剛重新裝潢。
伸手觸摸就能深深地感覺出，
手作特有的質感與韻味。
目前店裡亦接受畫框與家具訂製，
請您一定要來逛逛。

NOTE WORKS & CO.

東京都世田谷區若林2丁目31-12 SUNCREST若林103
營業時間・店休日 不固定

DIY SHOP

DIY SHOP LIST

WEB 〔WEB〕http://www.diy-tool.com/

日本最大規模的DIY用品購物網站,合作廠商多達300餘家,提供商品數高達80餘萬件,還依「油漆」、「裁切」等用途分類,很快地就能搜尋到創作作品的必要材料。除網路商店之外,還提供各種「DIY方法」與工具用法等寶貴資訊,更於大阪設立名為DIY FACTORY OSAKA的體驗型實體店面,二子玉川店(東京)也於2015年4月開始營業。

R不動產toolbox

WEB 〔WEB〕www.r-toolbox.jp/

以「編輯獨創空間的工具箱」為口號,提供有助於打造空間的相關商品與創意的網路商店。以色彩豐富多元的塗料為首,闢建可買到板材、小物配件、家具等的【store】,及共享創作實例與創意構想的【imagebox】平台。此外,還依目的分類,明確記載費用,並製作型錄等,提供DIY初學者也能輕鬆又安心地學習運用的寶貴資訊。

P.F.S.PARTS CENTER

SHOP 〔地址〕東京都渋谷區惠比壽南1-17-5
〔營業時間〕11:00 ▶ 20:00　〔店休日〕週二
〔WEB〕http://pfservice.co.jp/

以各種零組件與生活雜貨為主,販售造型可愛,讓人愛不釋手的商品。商品陣容十分廣泛,包括門把、水龍頭等金屬零組件、蠟・亮光漆・油性著色劑等塗料,及造型簡單但機能卓著的鋼鐵家具、毛巾、餐具與戶外活動相關雜貨等,都是「具備實用性」而非單純作為裝飾的商品。還設立專門販售獨特家具的PACIFIC FURNITURE SERVICE姊妹店。

PINE GRAIN

SHOP 〔地址〕東京都品川區荏原5-11-17
〔營業時間〕11:00 ▶ 19:00　〔定休日〕週三
〔WEB〕http://www.pinegrain.jp/

三層樓建築的老舊工廠改裝,造型非常獨特的店鋪,以販售英國或法國的松木骨董家具為主,店裡擺滿小物、舊木料、鐵門、金屬零組件等。其中以門扇、舊松木料最受歡迎,廣泛作為室內裝潢的重點裝飾,或用於家具及小物DIY。未提供網路銷售服務,但可透過電子郵件或電話洽購。

LIST

為您彙整介紹DIY工具
與零組件銷售店、
骨董雜貨店等創意無限的店家。

malto

WEB
SHOP

〔地址〕東京都杉並區高　寺南2-20-17
〔營業時間〕12:00 ▶ 20:00　〔店休日〕全年無休
〔WEB〕http://www.salhouse.com/

以造型精緻可愛，宛如童話世界才會出現的超現實設計
為構想，銷售商品充滿故事性的室內裝潢用品店。網路
商店每天都會有新商品上架，商品數高達1,000餘種。
骨董家具、小物、雜貨類都是直接從歐洲進口。深受專
業人士喜愛的骨董風室內裝潢部件，種類也相當豐富多
元，包括獨特品項，多達300餘款。東京高円寺也設有
實體店面。

Recycle Gallery NEWS 鳥山店

SHOP

〔地址〕東京都世田谷區南鳥山6-18-14
〔營業時間〕10:00 ▶ 20:00　〔店休日〕全年無休
〔WEB〕http://www.kobutu.com/

綜合RECYCLE SHOP「NEWS」集團中規模最大、占地
最廣的店鋪。倉庫型大樓除了陳列現代化家具之外，還展
示了市面上不太容易買到的懷舊家電、家具、室內裝潢雜
貨、服飾類等商品。商品變動快得令人目不暇給，每次造
訪都會有嶄新的發現。店鋪面對著大馬路，停車設施也很
完備，購買大型家具時十分便利。

demode fukunaka

WEB
SHOP

〔地址〕東京都福生市熊川1148-4
〔營業時間〕11:00 ▶ 20:00　〔店休日〕全年無休
〔WEB〕http://www.demode-furniture.net/fukunaka/

專門銷售經年使用後，木紋與金屬韻味魅力無窮的骨董家
具、舊工具的精品店。以大正至昭和年間的道地日本製家
具與擺飾等為主，廣泛陳列著桌桌，及隨時都有30張至50
張的椅凳等日常生活中可使用的品項。黃銅材質的金屬零
組件品項也很豐富，從鎖、把手、開關面板等小物，到門
把、櫥櫃零組件等商品都很齊全。

Junk & Rustic　Colors

WEB
SHOP

〔地址〕神奈川縣川崎市高津區二子1-10-2
〔營業時間〕10:00 ▶ 17:00　〔店休日〕週三
〔WEB〕http://www.shinko-colors.co.jp/ecc/

銷售商品以Junk（廢棄）、Rustic（粗製）、shabby（破
舊）等老舊卻別具特色的物品為主。實體店面琳琅滿目地
陳列著2,000餘件遠從國外買回的物品。DIY零組件種類
也很豐富，販售階層廣泛，涵蓋初學者與專業設計師。店
裡還提供經過仿舊加工處理的九種顏色木板，可輕鬆製作
各種作品而廣受歡迎。

DIY SHOP

materiaux-droguerie（materiaux-droguerie）

WEB
SHOP

〔地址〕大阪府和泉市箕形町1-1-16
〔營業時間〕11:00 ▶ 18:00〔店休日〕週二 ※店舗：週二至週五預約營業
〔WEB〕http://materiaux-droguerie.com/

銷售最適合打造自然空間的建材。是一家以提供「便利服務」為概念的店鋪。無論國內外，從新品到古物，商品種類齊全，並涵蓋牛奶漆、蠟等塗裝用品，及建材、零組件、螺絲等DIY商品，此外還販售室內裝潢雜貨。對於特色商品投注相當大的心力，還提供家具、日常用品等訂購服務，是熱愛手作，希望具體實現創意構想者的最堅強後盾。

TOKYO RECYCLE imption 祖師谷大藏店

SHOP

〔地址〕東京都世田谷區千歲台2-46-10 1F
〔營業時間〕11:00 ▶ 20:00　〔店休日〕第2・第3週四
〔WEB〕http://tokyo-recycle.net/

東京・世田谷區就有四個店面在營業，綜合RECYCLE SHOP中，家具品項最齊全的店。品項廣泛，包括以國外知名廠牌為首，以北歐風格為主的歐洲骨董家具及日本的老家具等。可直接到店裡探索，店內滿是保存良好的二手家具。用來作為室內裝潢重點裝飾的雜貨與家電種類也很豐富，探險時也許會找到其他別具一格的寶物。隨時透過臉書更新貨品上架資訊與回覆留言，建議確認過後再出門。

THE GLOBE

WEB
SHOP

〔地址〕東京都世田谷區池尻2-7-8
〔營業時間〕11:00 ▶ 20:00　〔店休日〕過年期間
〔WEB〕http://www.globe-antiques.com/

充滿異國情調的歐洲骨董家具店。由四個樓層構成的店內，除了裝飾用家具之外，並陳列著照明設備、彩繪玻璃、門、建材、雜貨等多采多姿的骨董商品。可在穿越時光的空間裡，盡情享受尋寶樂趣。一樓並設咖啡廳，置身其中，濃厚的復古韻味不禁令人心生嚮往。亦可透過網路商店平台洽購商品。

ANTIQUES EARLY BIRD

SHOP

〔地址〕福岡縣福津市津屋崎3-11-8
〔營業時間〕12:00 ▶ 18:00　〔店休日〕週三・週四
〔WEB〕http://earlybird-furniture.com/

介於福岡市與北九州市兩座城市之間，座落在福津市海岸區的骨董家具店。貨源以美國為主，從採購、解體後進口的門窗類建材、拆除農舍小屋後取得的舊木料，到家具、零組件等，以日本人獨特價值觀精心挑選與販售。每年到貨4次至5次，會配合進貨，隨時更動傳送主題與內部裝潢，發展出特殊的「蒐集」世界觀。獨特的品牌金屬零組件與照明設備相關商品也很齊全。

LIST

LETTERS 8

SHOP 〔地址〕東京都目黑區駒場1-16-12 秀美大樓3F
〔營業時間〕13:00▶19:00（週六至18:00）〔店休日〕週日‧週一
〔WEB〕http://www.letters8.com/

「運用文字讓生活更多采多姿」──以此為主題銷售文字
相關商品。從名牌尺寸的小文字，到可構成室內裝潢重點
的大看板文字，商品陣容豐富多彩。直接由國外採購收集
文字，包括從招牌拆下的立體文字、充滿歲月痕跡又具復
古風的金屬文字等，可於日常生活中增添故事性，亦提供
文字製作服務。

東急HANDS　新宿店

WEB
SHOP 〔地址〕東京都渋谷區千馱谷5-24-2 TIMES SQUARE大樓2至8F
〔營業時間〕10:00▶21:00　〔店休日〕不定休
〔WEB〕http://shinjuku.tokyu-hands.co.jp/

以「HINT‧MARKET」概念為主軸，為日常生活的各種
場合提供靈感與機會。擁有日本全國店鋪中占地面積首屈
一指的大賣場，六樓為DIY工具＆原材料樓層，琳琅滿目
地陳列著工具、道具、塗料、素材等DIY必要物品，並設
的工作室還提供木料裁切服務，及舉辦以女性顧客為主要
對象的講座，亦可透過網路、應用程式預約、洽購。

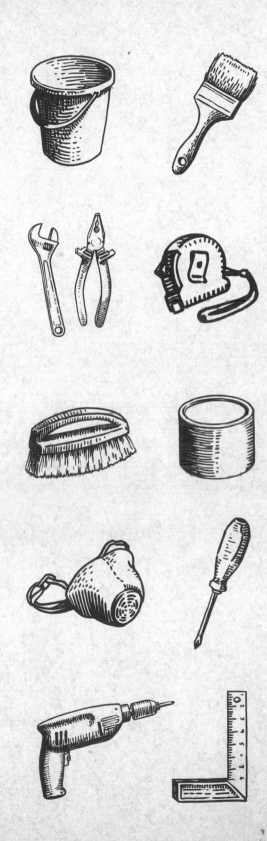

{Q&A}

塗裝DIY看似簡單，其實細節處理頗為繁瑣。

本單元以Q&A方式彙整出各種問題提供讀者們參考。

若試驗失敗請別太過氣餒，建議懷著愉快的心情再度嘗試。

Q 請問如何拿捏塗料的使用量呢？

A 塗料用量因油漆面積與狀態而各不相同。塗料容器上通常都會記載著大致基準，購買時可作為參考。容器上標示係以面積（平方公尺）為基準，不了解時，建議向賣場店員洽詢後再決定到底需要多少用量。

Q 購買刷具時該如何分辨品質好壞呢？

A 最好的方法是實際觸摸確認。建議先確認刷毛是否箍緊、有無出現斷毛、落毛的情形及刷毛彈性是否良好，請挑選觸感絕佳的刷具。

Q 室內塗裝時必須注意哪些事項呢？

A 處理小物時，在狹小的空間裡塗刷即可，但無論油漆的物品大小，都需要一段乾燥時間。因此，處理前必須先確保擁有足夠的塗刷、擺放等作業空間，並確實作好周邊維護工作，以免弄髒牆壁、地板。此外，塗刷時可能使用氣味較重的塗料，因此，塗裝作業最好於靠窗等通風良好處進行。

Q 必須在什麼樣的條件下塗裝呢？

A 以天氣晴朗的時候為佳。塗裝後乾燥時間因晴天或雨天等天氣因素而大不相同，選擇晴天時塗裝能節省不少時間。作業時建議穿上不必擔心弄髒又方便活動的衣服。

Q 地板上不小心沾到塗料時該怎麼辦？

A 立即以棉紗布等沾水後擦拭就能處理乾淨。萬一沾到後沒發現而乾掉，以指甲就能輕易地摳除。為了更放心地塗刷，即便有點麻煩，還是建議您事先作好防護工作。

Q 需要重複塗刷時，該間隔多久的時間呢？

A 如前所述，塗刷後乾燥時間因物品與氣候條件而有所差異。塗料乾掉後漆面所呈現的顏色會與之前不同，一眼就能分辨其中差異。重複塗刷前，建議以指尖輕輕碰觸以確定乾燥程度。未確實乾燥就重複塗刷，可能破壞先前形成的塗膜而使顏色變得混亂。

Q 哪些素材不適合仿舊塗裝呢？

A 並非「絕對不行」，但塑膠或壓縮瓦楞紙就不太建議採用。原因是不容易附著塗料，很難營造出理想的質感與韻味。希望「變身」為精美的作品，當然是以木工製品為佳。

Q 希望油漆衛浴設備等用水設施，
又擔心塗料被沖掉該怎麼辦？

A 以聚氨酯塗料（亮光漆）營造出保護塗膜，即可提昇耐用度。但亮光漆並不具備撥水作用，不能說完全不會出現問題。因此，對於經常會噴到水的設施還是避免採用為宜。

Q 打底時不使用白色塗料可以嗎？

A 當然可以。本書中塗刷白色是希望初學者也能輕易地完成重複塗刷作業。打底塗料與上層塗料相同顏色也絕對沒問題。以其他顏色的塗料打底，強調重複塗刷效果，也是塗裝樂趣之一。

Q 想塗刷已經生鏽的金屬製物品。
有沒有什麼訣竅能夠塗刷得更細緻呢？

A 利用除鏽劑或砂紙，儘量去除鐵鏽，再以金屬用底漆等確實完成打底。打底部分處理得越仔細，所呈現的效果就越好。

Q 塗刷手部皮膚或衣服會直接碰觸到的地方，
擔心沾染顏色時該如何處理呢？

A 本書中也介紹衣架與餐具柄部塗裝技巧，基本上，塗刷聚氨酯塗料（亮光漆）形成保護塗膜後就沒問題。油漆部分可能因指甲或銳利物品碰觸而剝落，但只要不是刻意地過度摩擦，使用上絕對沒問題。

Q 若要重複塗刷塗蠟的物品時，
必須先清除蠟成份嗎？

A 需不需要清除蠟成份，因為希望呈現的狀態而有所不同。通常，以砂紙打磨掉蠟成份即可塗裝，但若希望略微地營造出斑剝氛圍，直接塗刷也沒問題。建議依喜好處理即可。

Q 不太會使用刷具，一直擔心刷不均勻時該怎麼辦？

A 出現油漆不均勻的情形時，再重複塗刷一次即可。若不希望留下刷痕，建議使用可均勻塗刷的海綿。依塗刷底漆與面漆區分刷具，或於最後修飾時使用全新刷具，就是營造出細緻塗刷面的訣竅。DIY時最重要的就是能不能「處理得很細膩」。不要急著完成油漆作業，放慢步調確實作好塗刷工作，就是油漆技巧進步的最佳捷徑。

Q 油性塗料與水性塗料可以一起使用嗎？

A 塗料特性各不相同，水性塗料「滲入組織而強化」，油性塗料「附著表面而強化」。因此，水性→油性依序塗抹即可。並不是油性塗料上就不能塗刷水性塗料，而是塗刷後無法形成塗膜，難以製造出良好的塗裝效果，因此請儘量避免。其次，本書中也介紹了於水性塗裝面上塗抹蜜蠟，打造顏色斑駁的方法，這是著重於質感而採用的處理方法。此外，若過度打磨，可能導致水性塗料無法形成塗膜，須留意。

Q 塗料與工具使用後該怎麼辦呢？

A 擦掉刷具上的多餘塗料，用水洗乾淨後陰乾即可。牛奶漆等塗料則是將容器邊緣擦乾淨後，擺在不會照射到陽光的暗處。塗料與工具用法因塗刷的物品而有所區別，請仔細閱讀說明書。

Q 作業完成後覺得和自己想像有差距，好想重新油漆！

A 當然可以。油漆DIY的最大魅力在於重複塗刷多少次都沒關係。建議您不妨多方嘗試，以打造自己最喜歡的氛圍。

Q 完成的塗裝用品可以沾水用力地擦拭嗎？

A 塗刷聚氨酯塗料（亮光漆）等，確實作好表面維護處理的物品，用水擦拭也沒問題。本書中所使用的是「無光澤」聚氨酯塗料，若想營造出乾燥般的質感，會使用霧面加工的塗料。相較於有光澤的塗料，保護度一定會比較差。有光澤的亮光漆密度通常比較高，不容易附著汙垢。建議配合用途與目的，選用適合又不會破壞仿舊氛圍的塗料。

Q 油漆後物品需要定期維護保養嗎？

A 本書中介紹的都是日常生活中使用的物品，因此，不需要特別維護保養也沒關係。但持續使用多年後，若出現褪色或塗料剝落等情形時，還是需要重新塗刷。經年使用後物品就會逐漸出現變化，呈現仿舊加工也無法打造的獨特韻味。

配合心情與房間風格,

自己動手重新塗裝經常使用的椅子。

看似複雜又麻煩的仿舊塗裝,

能夠漸漸地融入生活,讓我感到無比欣慰。

本書相關內容

是激發仿舊塗裝靈感的一些巧思。

建議您不妨運用創意構想或設計品味,

試著加入獨特的創作概念。

別想得太困難,快動手試試看吧!

過程中若對成品不夠滿意,那就重新油漆吧!

建議您一邊盡情地享受作品變身為自己風格的樂趣,

一邊找出專屬於自身的仿舊塗裝訣竅。

手作良品 57

職人手技
疊刷×斑駁×褪色
仿舊塗裝改造術

作　　　　者／NOTEWORKS
譯　　　　者／林麗秀
發　行　　人／詹慶和
總　編　　輯／蔡麗玲
執　行　編　輯／李佳穎
編　　　　輯／蔡毓玲‧劉蕙寧‧黃璟安‧陳姿伶‧李宛真
封　面　設　計／韓欣恬
美　術　編　輯／陳麗娜‧周盈汝‧韓欣恬
內　頁　排　版／韓欣恬
出　　版　　者／良品文化館
戶　　　　名／雅書堂文化事業有限公司
郵政劃撥帳號／18225950
地　　　　址／220新北市板橋區板新路206號3樓
電　子　信　箱／elegant.books@msa.hinet.net
電　　　　話／(02)8952-4078
傳　　　　真／(02)8952-4084

2017年2月初版一刷　定價380元

ANTIQUE PAINT RECIPE
PRO GA OSHIERU NURUDAKE KANTAN REMAKE JUTSU
© NOTEWORKS 2015
Originally published in Japan in 2015 by THE WHOLE
EARTH PUBLICATIONS CO., LTD.
Chinese translation rights arranged through TOHAN
CORPORATION, TOKYO.
and Keio Cultural Enterprise Co., Ltd.

總經銷／朝日文化事業有限公司
進退貨地址／235新北市中和區橋安街15巷1號7樓
電話／(02) 2249-7714　　傳真／(02) 2249-8715

國家圖書館出版品預行編目資料(CIP)資料

職人手技：疊刷×斑駁×褪色‧仿舊塗裝改造
術 / NOTEWORKS著/林麗秀譯.
– 初版. – 新北市：良品文化館出版：雅書堂文
化發行, 2017.02
　面；公分. –（手作良品；57）
ISBN 978-986-5724-90-0(平裝)

1.家庭佈置 2.油漆

422.3　　　　　　　　　　　105025535

Staff

企　劃　‧　執　行／高橋寬行
美　術　設　計／MONGOL（necco design company）
設　　　　計／原田元貴（natsworks）
攝　　　　影／志賀俊祐
造　　　　型／遠藤慎也
模　　特　　兒／Johan、Nathalie
　　　　　　　　　（TOKE AND COME AGAIN）
髮　　　　妝／菅藤ひとみ（people）
手寫廣告文字／Naturally
編　輯　‧　製　作／大石瑞穗（KWC）
製　作　協　力／GALLUP
攝　影　協　力／S.H.P.、AWABEES、UTUWA、EASE